ulmer

Ortrud Grieb

DER WERKER GRUNDLAGEN GARTENBAU

3., aktualisierte Auflage

83 Farbfotos
80 Zeichnungen

Bildquellen
Anton Starikov/Shutterstock.com: Abb. 49 oben
Baumeister, W., Stuttgart: Abb. 74 rechts unten
Cookie Studio/Shutterstock.com: Titelbild
divgradcurl/Shutterstock.com: Abb. 49 unten
Ehrmann, O., Bildarchiv Boden, Creglingen: Abb. 39 Mitte, rechts
Kretschel, A., Hohenstein-Ernstthal: Abb. 53
Rabbitmindphoto/Shutterstock.com: Abb. 49 Mitte
Rehfuess, K. E., Bildarchiv Boden, Creglingen: Abb. 39 links
Reinhard-Tierfoto, Heiligkreuzsteinach: Abb. 18 unten,
Abb. 74 rechts oben, unten Mitte, links unten
Witt, H.-H., Bad Zwischenahn: Abb. 66 bis 70

Alle anderen Fotos und Zeichnungen stammen von der Autorin.

Bibliografische Information der Deutschen Nationalbibliothek
Die Deutsche Nationalbibliothek verzeichnet diese Publikation in der Deutschen Nationalbibliografie; detaillierte bibliografische Daten sind im Internet über http://dnb.ddb.de abrufbar.

Wollgrasweg 41, 70599 Stuttgart (Hohenheim)
E-Mail: info@ulmer.de
Internet: www.ulmer.de
Lektorat: Werner Baumeister, Birgit Schüller
Herstellung: Martina Gronau, Silke Reuter
Umschlaggestaltung: Atelier Reichert, Stuttgart
Satz und Reproduktion: r&p digitale medien, Echterdingen
Druck und Bindung: Pustet, Regensburg
Printed in Germany

ISBN: 978-3-8186-0954-2

Vorwort und Dank

Dieses Buch wendet sich an alle Schüler im Gartenbau, die keine Lust haben, lange Texte zu lesen. Bunte Zeichnungen und Fotos helfen beim Lernen. Wichtige Fachausdrücke sind dunkelgrün gedruckt.

Hinten im Register sind interessante Seitenzahlen fett gedruckt. Ein f hinter der Seitenzahl bedeutet, dass man auch auf der folgenden Seite nachschauen soll.

Die knappen Texte können einen guten Unterricht nicht ersetzen. Sie eignen sich eher zur Wiederholung, zum Nachschlagen oder als Arbeitshilfe im Unterricht.

Ich danke den vielen Gartenbau- und Sonderschullehrern aus ganz Deutschland, die an der Diskussion um die Inhalte und das Niveau dieses Buches beteiligt waren. Ganz besonders möchte ich drei Lehrern danken, die mich während des Schreibens tatkräftig unterstützt haben. Ohne ihre Hilfe wäre dieses Buch nicht entstanden: Oberstudienrat Christian Mannel, Lingen/Ems, Oberstudienrätin Christine Kreppenhofer, Hohenheim und Studienrat Stefan Grieb, Hohenheim.

Ich danke auch meinen Werkerschülern beim Internationalen Bund in Pforzheim. Sie brachten mich auf die Idee, dieses Buch zu schreiben und standen mir beim Schreiben stets lebhaft vor Augen. Mein letzter herzlicher Dank gilt dem Lektorat und der Herstellung vom Ulmer Verlag für die tolle Zusammenarbeit.

Nun wünsche ich viel Spaß beim Lesen.

Ortrud Grieb

Inhaltsverzeichnis

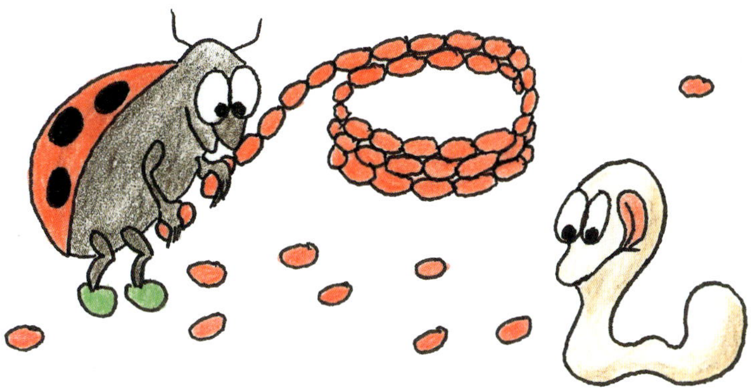

A Bau und Leben der Samenpflanzen

1 Die Teile einer Samenpflanze

Mit der **Wurzel** hält die Pflanze sich im Boden fest. Das nennt man **Verankerung**. Außerdem saugen die Pflanzenwurzeln **Wasser und Nährstoffe** aus dem Boden und leiten sie nach oben in die Pflanze.

Laubblätter sind grün. Bei manchen Laubblättern ist das Blattgrün von anderen Farben verdeckt. Das Blattgrün dient zum Einfangen der Sonnenenergie, zur **Fotosynthese**. Auf der Unterseite hat ein Laubblatt viele kleine Öffnungen. Mit bloßem Auge sieht man sie nicht. Die Öffnungen sind wichtig für den Eintritt und Austritt von Luft. Beim Blatt nennt man das **Gasaustausch**. Wenn Wasser aus den Öffnungen herausdampft, sagt man dazu **Verdunstung**.

Die **Sprossachse** bringt die **Blätter** optimal **ins Sonnenlicht**. Im Inneren der Sprossachse sind viele **Leitungsbahnen**. Sie leiten Wasser und Nährstoffe aus der Wurzel nach oben bis in die Blätter. In anderen Leitungsbahnen werden Zucker oder andere Stoffe transportiert, die bei der Fotosynthese entstehen.

Die **Blüten** dienen der **geschlechtlichen Vermehrung**, die zur **Samenbildung** führt. Dabei werden die **Erbanlagen** von Vaterpflanze und Mutterpflanze **neu gemischt**. Aus jedem Samenkorn entsteht eine Pflanze, die es vorher noch nie gab. Vielleicht verträgt sie besser Kälte, als ihre Eltern oder sie hat eine neue Blütenfarbe. Pflanzen **verändern** sich so im Laufe der Jahrtausende; dabei können sie sich an bestimmte Umweltbedingungen **anpassen**.

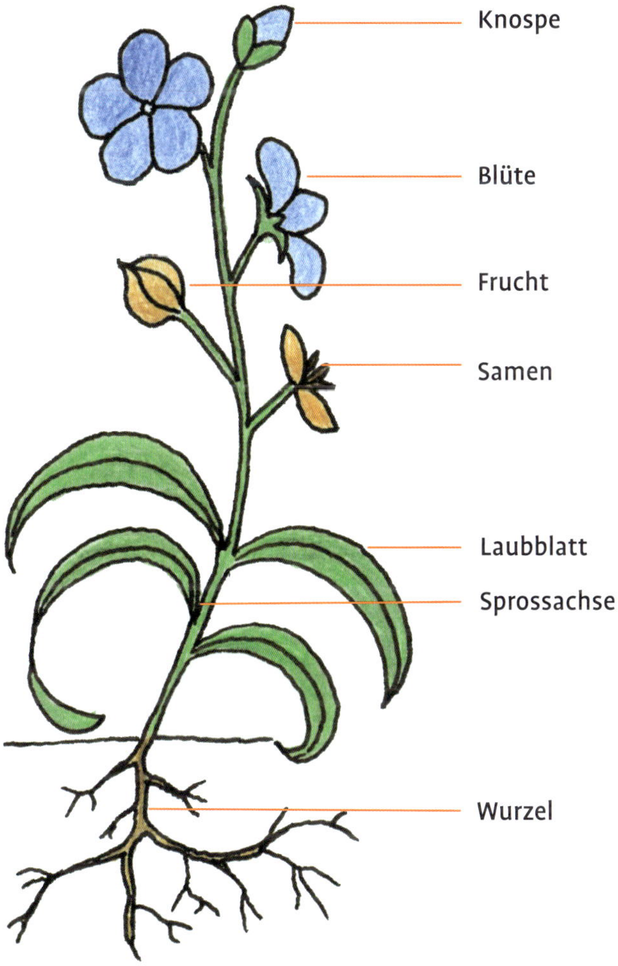

Abbildung 1
Die Teile einer Samenpflanze

Die **Samenkörner** dienen der **Vermehrung** und **Verbreitung**. Außerdem **überdauern** viele Pflanzen ungünstige Zeiten wie Trockenheit oder Kälte als Samen. Manche Samen liegen jahrelang im Boden, bis endlich eine günstige Gelegenheit zum Keimen kommt und wieder eine neue Pflanze wachsen kann.

Häufig befinden sich die Samenkörner in Früchten. **Früchte** dienen zum **Schutz** der Samenkörner und sorgen mit verschiedenen Tricks für die **Verbreitung** der Pflanze.

Pflanzen sind wie alle Lebewesen aus winzigen „Bausteinen“ aufgebaut. Diese Bausteine heißen **Zellen**. Man sieht sie auf der Zeichnung nicht, weil sie zu klein sind. Mit einem guten Mikroskop kann man sie entdecken. Zellen sind winzige „Räume“, in denen die Lebensvorgänge der Pflanzen ablaufen. Sie haben viele **verschiedene Aufgaben**.

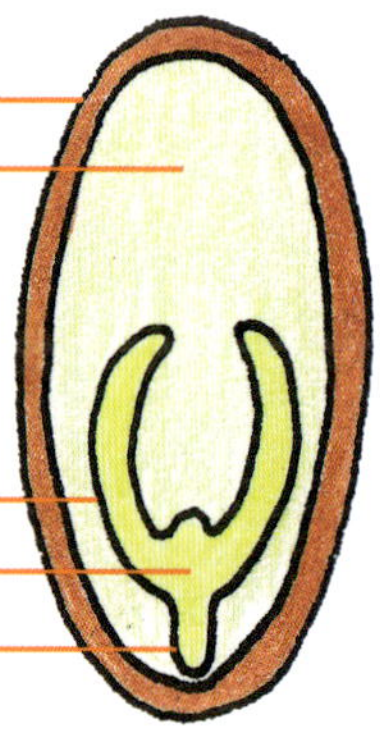

Abbildung 2
Schnitt durch ein Samenkorn

2 Samenkörner

Samen sehen sehr unterschiedlich aus, groß wie eine Kokosnuss, klein wie ein Mohnkorn, weiß wie eine Bohne oder gelb wie ein Maiskorn, rund wie eine Erbse oder platt wie eine Linse, hart wie ein Zwetschgenkern oder weich wie ein Apfelkern. Obwohl sie so unterschiedlich aussehen, haben sie Einiges gemeinsam.

Im Inneren eines Samenkorns ist immer ein kleines Pflänzchen versteckt. Man nennt es **Keimling oder Embryo**.

Der Keimling besteht aus **Keimblättern, Keimachse und Keimwurzel**. Wenn man ein Samenkorn zerlegt, findet man den Keimling nicht leicht. Er ist trotzdem da. Wenn man den Samen quellen lässt, kann man den Keimling leichter finden. Abbildung 2 zeigt, wie ein Samenkorn aufgebaut sein kann.

Die **Samenschale** dient zum **Schutz**. Oft werden Samen mitsamt den Früchten von Tieren gefressen. Bleiben die Samenschalen beim Kauen und Verdauen unverletzt, keimen die Samen nach dem Verlassen des Tieres gut. Gefressen werden ist nicht die einzige Gefahr, die ein Samen überleben muss. Die Samenschale schützt auch vor Austrocknung, vor Pilzen und Bakterien und sie sorgt dafür, dass der Keimling nicht zerdrückt wird.

Im **Nährgewebe** lagert die Pflanze energiereiche **Reservestoffe** als Nahrung für den Keimling ein. Es sind Fette, Eiweiße und Kohlenhydrate. Davon lebt der Keimling bis zur Keimung. Bei der Keimung braucht er sie zum Wachsen. Menschen und Tiere mögen das Nährgewebe auch: zum Beispiel gewinnen wir Öl aus Sonnenblumensamen, Eiweiß aus Bohnensamen oder Mehl aus Getreidesamen.

Der **Keimling** ist ein winziges Pflänzchen im Tiefschlaf. Er hat die Aufgabe, zu einer großen Pflanze heranzuwachsen. Er muss dazu aus seiner sicheren Samenschale herauskommen. Das nennt man Keimung.

Abbildung 3
Die Keimung

2.1 Keimung

Bei der Keimung nimmt das Samenkorn zuerst Wasser auf. Man nennt das **Quellung**. Aus dem gequollenen Samenkorn wächst dann die **Keimwurzel** heraus. Sie wächst schnell nach unten in den Boden und verankert sich dort. Nun erst drücken die **Keimblätter** aus dem Boden heraus und werden im Licht **grün**. Die grünen Keimblätter können bei Licht **Fotosynthese** betreiben. Jetzt kann der Keimling ohne die Reservestoffe aus dem Nährgewebe weiterwachsen. Sind die Reservestoffe vorher aufgebraucht, verhungert der Keimling. Die Keimung misslingt. Das passiert auch, wenn es zu nass, zu trocken oder zu kalt ist.

Beobachtet man verschiedene Samen beim Keimen, sieht man, dass sie unterschiedlich keimen. Manche Pflanzen lassen ihre Keimblätter im Boden und kommen gleich mit den Laubblättern heraus. Zweikeimblättrige Pflanzen keimen mit zwei Keimblättern. Einkeimblättrige Pflanzen keimen mit einem Keimblatt. Einkeimblättrige und zweikeimblättrige Pflanzen kann man auch noch als erwachsene Pflanzen leicht voneinander unterscheiden.

Zweikeimblättrige Pflanzen haben eine **Haupt wurzel**, die sich verzweigt und viele **Seitenwurzeln** bildet. Diese Seitenwurzeln bilden wieder Seitenwurzeln und so weiter. In den Blättern ist es dasselbe. Dort verzweigen sich natürlich nicht die Wurzeln, sondern die **Blattadern**. Sie bilden ein richtiges **Netz**. Die meisten Pflanzen in einer Gärtnerei gehören zu den zweikeimblättrigen Pflanzen: Salat, Tomaten, Rosen, Alpenveilchen, Efeu, Obstbäume und viele andere.

Bei den **einkeimblättrigen Pflanzen** entspringen am Spross viele gleichdicke **Büschelwurzeln**. Auch im Blatt findet man lauter gleichdicke **Blattadern**, die sich nicht verzweigen, sondern **parallel** nebeneinander herlaufen. Zu den einkeimblättrigen Pflanzen gehören alle Gräser, Zwiebelpflanzen wie Tulpe und Osterglocke, alle Palmen, alle Orchideen und viele andere.

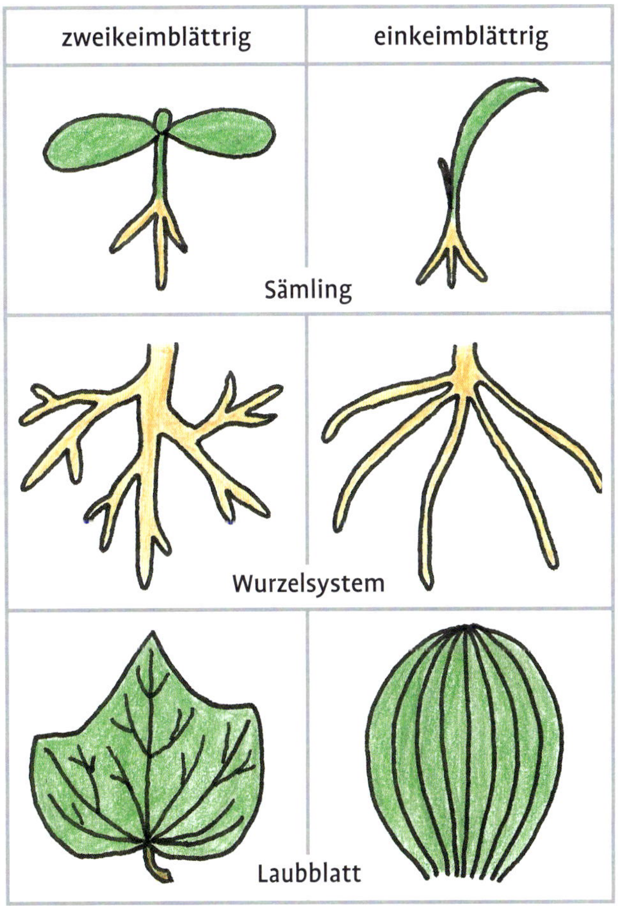

Abbildung 4
Zweikeimblättrige und einkeimblättrige Pflanzen

3 Wurzel

Es gibt **Flachwurzler** und **Tiefwurzler**.

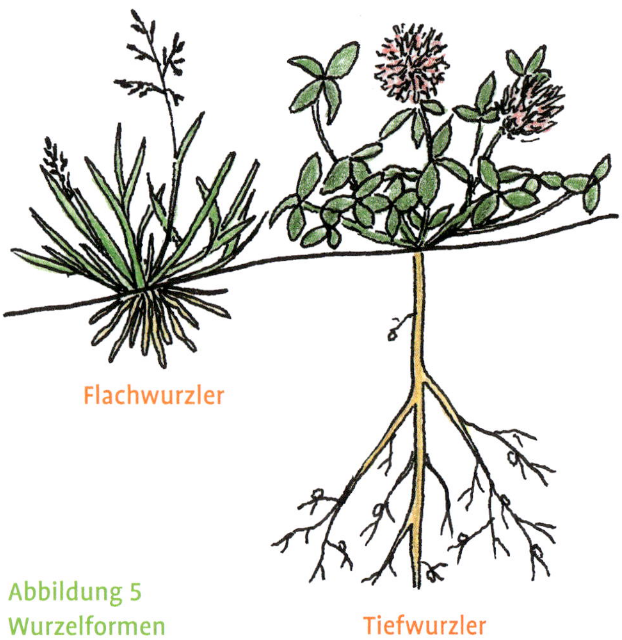

Abbildung 5
Wurzelformen

Flachwurzler wurzeln dicht unter der Bodenoberfläche. Typische Flachwurzler sind Rasengräser, Himbeeren, Rhododendron und Fichten. Bei großer Trockenheit vertrocknen Flachwurzler leicht, weil sie mit ihren Wurzeln schwer an das Wasser herankommen, das tief unten im Boden ist. Dafür wachsen sie gut an Stellen, wo der Untergrund felsig ist oder das Grundwasser hoch steht.

Tiefwurzler strecken ihre Wurzeln tief nach unten. Dazu gehören Eichen, große Birnbäume, Tannen und Kleearten. Bei großer Trockenheit sind sie oft noch grün, wenn alles andere rundherum längst verdorrt ist, denn sie holen Wasser aus großer Tiefe. Sie sind an Standorte mit tiefem Grundwasserstand angepasst. An felsigen oder nassen Stellen wachsen auch diese Pflanzen nicht in die Tiefe, sondern mehr in die Breite.

Wurzelspitze

Am Ende jeder Wurzel ist eine **Wurzelspitze**. Sie bohrt sich in die Erde hinein und nimmt Wasser und Nährstoffe auf. Wurzelspitzen sehen bei allen Samenpflanzen gleich aus. Die Wurzelspitze auf der Zeichnung ist in Wirklichkeit nur wenige Millimeter groß.

Abbildung 6
Die Wurzelspitze

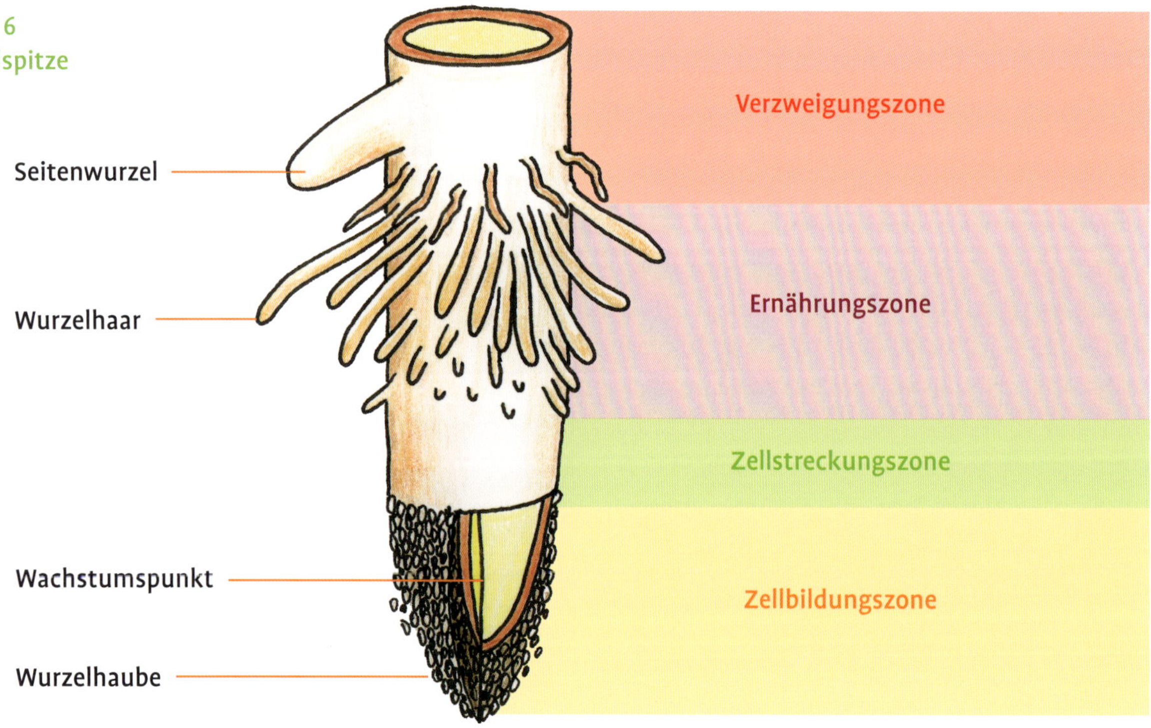

Die **Wurzelhaube schützt** den **Wachstumspunkt**. Die äußeren Zellen der Wurzelhaube sterben regelmäßig ab und verschleimen. So kann die Wurzel leicht in den Boden eindringen. Innen wachsen ständig neue Zellen nach.

Im Wachstumspunkt werden neue Zellen gebildet, deshalb nennt man diese Zone **Zellbildungszone**.

In der **Zellstreckungszone** strecken sich die neu gebildeten Zellen. Sie werden größer, weil sie Wasser einlagern. Die Wurzelspitze schiebt sich so weiter in den Boden hinein.

Die **Wurzelhaare** werden oberhalb der Zellstreckungszone gebildet. Sie leben nur ein paar Tage und sind sehr empfindlich. Im oberen Bereich der Wurzelhaarzone sterben die Wurzelhaare ab. Im unteren Bereich werden neue Wurzelhaare gebildet. Die Wurzelhaarzone wandert auf diese Weise hinter dem Wachstumspunkt hinterher. **Nur die Wurzelhaare können Wasser und Nährstoffe aufnehmen**, deshalb nennt man die **Wurzelhaarzone** auch **Ernährungszone.**

Oberhalb der Ernährungszone bilden sich **Seitenwurzeln**. Diese Zone heißt **Verzweigungszone**. Jede Seitenwurzel hat natürlich wieder eine Wurzelspitze. Dort entstehen neue Wurzelhaare.

Förderung der Wurzelbildung

Wenn eine Pflanze viele Wurzelspitzen hat, kann sie viel Wasser und Nährstoffe aufnehmen. Dann wächst sie gut. Ein Gärtner hat verschiedene Möglichkeiten, die Wurzelbildung zu fördern.

- Er sät Samenkörner in **nährstoffarmes Substrat**. Dann muss der Sämling sich seine Nährstoffe suchen und bildet dabei viele Wurzeln.
- Jede Art von fachmännischem **Wurzelschnitt** fördert das Wurzelwachstum. Das passiert zum Beispiel beim Pikieren, Topfen, Pflanzen, Umpflanzen, Unterschneiden und Verschulen, wenn die Wurzeln zurückgeschnitten werden.
- **Wurzelhormone** fördern die Wurzelbildung bei Stecklingen.
- **Anhäufeln**, also ein Haufen Erde an den Pflanzen, fördert bei einigen Pflanzen die Bildung neuer Wurzeln aus dem Spross, zum Beispiel bei Kartoffeln, Tomaten, Gurken und Bohnen.

Wurzelumwandlungen

Manche Pflanzen haben im Kampf ums Überleben Spezialwurzeln entwickelt. Abbildung 7 zeigt vier Beispiele für solche Wurzelumwandlungen.

Rüben und **Wurzelknollen speichern Nährstoffe**. Dadurch können sich die Pflanzen bei Trockenheit oder Kälte in den Boden zurückziehen und dort überleben. Mit seinen **Haftwurzeln** kann der Efeu an Felswänden, Mauern oder Bäumen hochklettern. **Luftwurzeln** können Wasser und Nährstoffe aus der Luft aufnehmen.

Abbildung 7
Wurzelumwandlungen

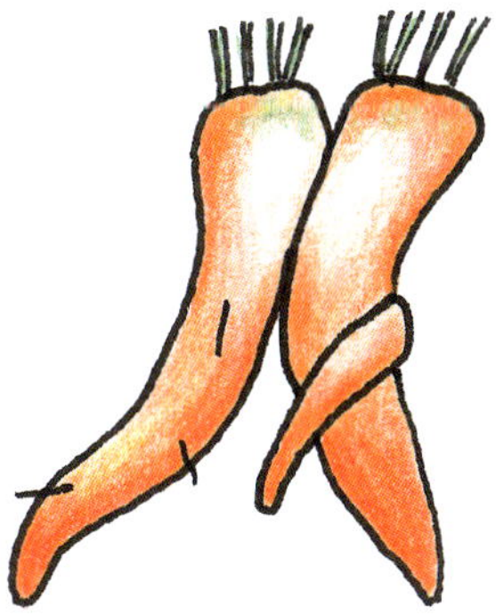

Rübe
Möhre

Wurzelknolle
Dahlie

Haftwurzel
Efeu

Luftwurzel
Monstera

Abbildung 8
Verschiedene Sprossachsen

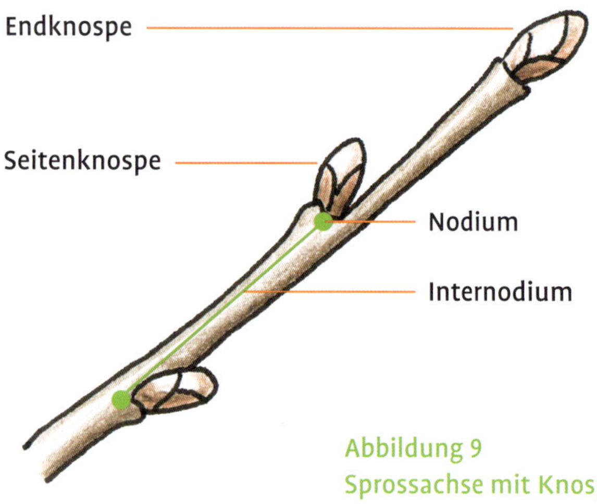

Abbildung 9
Sprossachse mit Knospen

4 Sprossachse

Sprossachsen können aufrecht emporwachsen, auf dem Boden entlang kriechen oder sogar unterirdisch wachsen. Sie können verholzt sein wie beim Baum oder grün und saftig, wie bei krautigen Pflanzen. Je nach Aussehen haben sie unterschiedliche Namen.

Die Stellen, an denen Blätter aus einem Spross heraus wachsen, heißen **Nodien** (auch **Blattknoten**). Einen einzelnen Blattknoten nennt man **Nodium**. Die Sprossabschnitte zwischen den Nodien nennt man **Internodien**. In den **Knospen** (oder **Augen**) sind junge Blätter und Blattanlagen versteckt. Ganz innen in einer Knospe findet man den Wachstumspunkt. Dort werden neue Zellen gebildet. Wenn eine Knospe am Ende eines Sprosses sitzt, nennt man sie Endknospe. Knospen, die seitlich am Spross wachsen, nennt man Seitenknospen.

Betrachtet man im Winter die Knospen eines Obstbaumes, findet man rundliche und längliche Knospen. Die rundlichen Knospen sind **Blütenknospen**, die länglichen Knospen sind **Blattknospen**. Diesen Unterschied kann man bei vielen Pflanzen finden. Bei einem Rhododendron kann man im Winter schon sehen, wie viele Blüten er im Frühjahr haben wird. Sogar unter der Erde kann man beim Maiglöckchen Blüten- und Blattknospen unterscheiden.

Kirsche

Rhododendron

Maiglöckchen

Abbildung 10
Die rundlichen Knospen sind Blütenknospen, die länglichen Knospen sind Blattknospen.

Wir blicken in die Sprossachse hinein. Dazu machen wir einen Querschnitt durch den Spross einer zweikeimblättrigen Pflanze.

Die **Sprosshaut** übernimmt den **Schutz** der Sprossachse.

Die **Rinde** kann **Reservestoffe speichern**.

Der **Holzteil** besteht aus vielen winzigen Leitungsbahnen. Die Zellen, aus denen die Leitungsbahnen gewachsen sind, sind abgestorben und verholzt. Dadurch haben sich „Holzröhren“ gebildet. Im Holzteil werden **Wasser und Nährstoffe** aufwärts transportiert.

Der **Siebteil** besteht aus vielen winzigen Leitungsbahnen. Die langgestreckten Zellen, aus denen die Leitungsbahnen entstanden sind, leben noch. Der Transport erfolgt also durch lebendige Zellen hindurch. Damit das geht, haben die Zellen an ihrem oberen und unteren Ende viele winzige Löcher. Das sieht aus wie ein Sieb. Im Siebteil werden **Assimilate** transportiert. Zum besseren Transport sind die Assimilate in Wasser gelöst. Assimilate sind energiereiche Stoffe, die bei der Fotosynthese entstehen, z. B. Zucker.

Das **Kambium** ist eine dünne Wachstumsschicht. Hier werden **neue Zellen** gebildet. So wird der Spross dicker (Dickenwachstum). In einem Baum bildet das Kambium jedes Jahr neue Holzröhren. Im Frühling wächst der Baum stark, dann bildet das Kambium dicke Röhren (helle Ringe). Im Herbst wächst der Baum schwach, dann bildet das Kambium dünne Röhren (dunkle Ringe). An den Jahresringen können wir abzählen, wie alt ein Baum ist.

Das **Mark** stirbt bei älteren Pflanzen häufig ab. Die Stängel sind dann hohl (Holunder). Es kann auch Reservestoffe speichern (Kohlrabi).

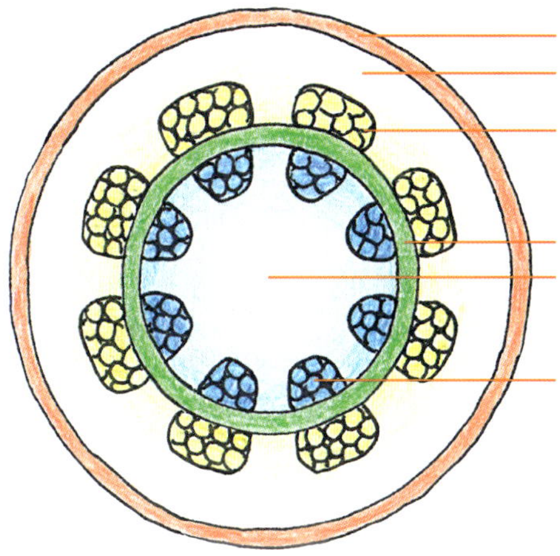

Abbildung 11
Sprossquerschnitt einer zweikeimblättrigen Pflanze

Abbildung 12
Jahresringe einer Lärche

Abbildung 13
Sprossumwandlungen

Sprossumwandlungen

Rhizome, Sprossknollen und **Zwiebeln speichern Nährstoffe**.

Rhizome sind Sprosse, die unterirdisch wachsen und der Ausbreitung und Vermehrung dienen. Sie haben winzige schuppenförmige Blätter und kleine Knospen. Daran kann man sie von einer Wurzel unterscheiden (Schwertlilie, Maiglöckchen, Quecke, Giersch).

Sprossknollen können oberirdisch (Kohlrabi, Radieschen, Rote Bete) oder unterirdisch wachsen (Kartoffel, Knollenbegonie, Krokus).

Bei **Zwiebeln** sind die Internodien so kurz, dass die Blätter dicht aneinander wachsen. Die Blätter speichern Nährstoffe und sind deshalb dick und fleischig (Küchenzwiebel, Osterglocken, Tulpen).

Bei den **stammsukkulenten** Pflanzen speichert der Spross Wasser, die Blätter sind zu Dornen umgewandelt (Kakteen). Die Pflanzen haben sich so an trockene Standorte angepasst.

Ausläufer dienen der Vermehrung. Die Pflanze treibt lange Seitensprosse und bildet daran Tochterpflanzen. Wo diese den Boden berühren, wachsen sie an (Erdbeeren, Grünlilien).

Windesprosse findet man bei Stangenbohnen, Hopfen oder Blauregen.

Sprossdornen sind umgewandelte Seitensprosse. Man kann sie schwer abbrechen, weil sie fest mit dem Spross verwachsen sind. Sie dienen zum Schutz gegen Tierfraß (Weißdorn, Schlehe).

Stacheln sehen ähnlich aus, aber Stacheln kann man leicht abbrechen. Sie sind nur außen auf der Sprosshaut festgewachsen, es **sind keine Sprossumwandlungen**. Man findet sie bei Rosen und Brombeeren. „Dornröschen“ müsste also eigentlich „Stachelröschen“ heißen.

5 Laubblatt

Abbildung 14
Das Laubblatt

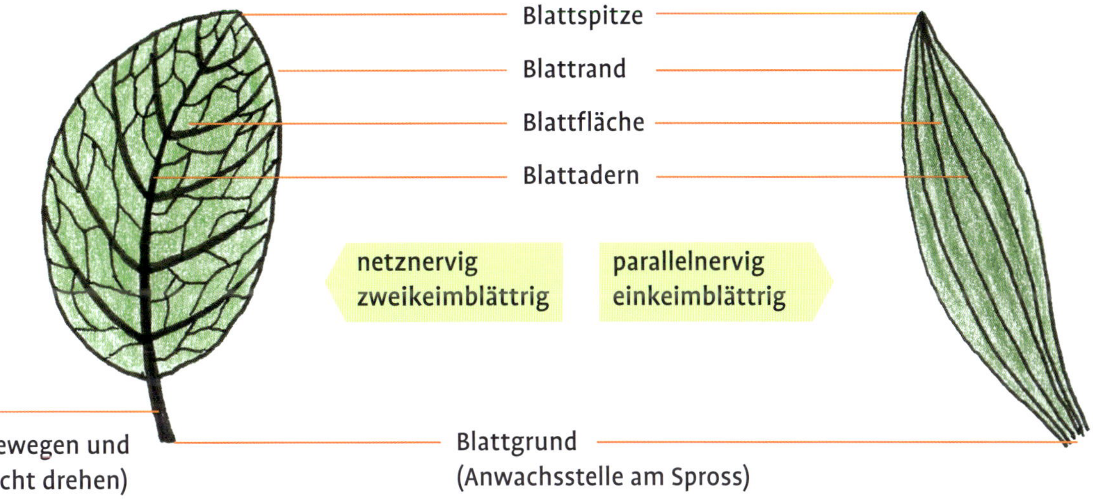

Abbildung 15
Blattformen

Abbildung 16
Blattränder

Die **Wachsschicht (Kutikula)** funktioniert ähnlich wie Schuhcreme. Sie macht die Blattoberfläche wasserdicht. So ganz klappt es nicht, ein bisschen Wasser geht trotzdem durch (wie beim Schuh). Die Wachsschicht ist besonders als **Verdunstungsschutz** bei Trockenheit wichtig.

Die **Blatthaut (Epidermis) schützt** das Blatt vor Krankheiten und Schädlingen, vor Verletzungen und Wasserverlust und gibt ihm **Festigkeit**. In der **unteren Blatthaut** findet man unter dem Mikroskop viele kleine Öffnungen, die **Spaltöffnungen** oder Stomata. In der **oberen Blatthaut** gibt es **keine Spaltöffnungen**.

Im **Palisadengewebe** stehen viele längliche Zellen nebeneinander, wie die Holzpfosten (Palisaden) in einer alten Befestigungsanlage. Unter dem Mikroskop entdeckt man in den Zellen viele grüne Punkte, das Blattgrün. Im Blattgrün findet die **Fotosynthese** statt.

Im **Schwammgewebe** sind die Zellen unordentlich und lose gewachsen. Das hat seinen Grund. Die Luft, die durch die Spaltöffnungen ins Blatt gelangt, soll gut hindurchziehen können. Dieser **Gasaustausch** ist sehr wichtig für **Fotosynthese** und **Verdunstung**. Jede Zelle im Schwammgewebe verdunstet Wasser. Es entsteht unsichtbarer Wasserdampf. Dieser Wasserdampf soll aus dem Blatt heraus. Mit dem Luftstrom wird er zu den Spaltöffnungen transportiert und entweicht dort ins Freie. Bei großer Trockenheit kann die Pflanze die **Spaltöffnungen schließen**, damit das Wasser in der Pflanze bleibt. Dann gibt es jedoch auch keinen Gasaustausch und keine Fotosynthese.

In der **Blattader** finden wir Holz- und Siebteil aus dem Spross wieder. Die Blattadern dienen als **Transportwege**. Daneben tragen sie auch zur **Festigung** des Blattes bei.

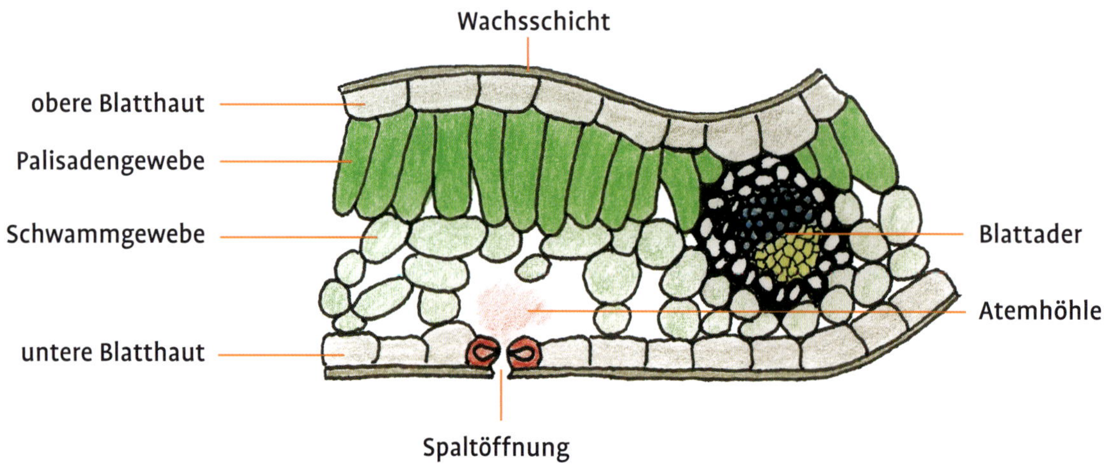

Abbildung 17
Schnitt durch
ein Laubblatt

Blattumwandlungen

Die roten Blätter eines Weihnachtssterns sind keine echten Blütenblätter sondern **Hochblätter**. Die echten Blütenblätter des Weihnachtssterns sind klein und unscheinbar. Die Hochblätter übernehmen die Aufgabe der Blütenblätter. Sie locken Insekten an. Hochblätter findet man auch bei Calla, Flamingoblume und Blumen-Hartriegel. **Blattdornen** findet man bei Kakteen oder Berberitzen. Es sind Blätter, die zu Dornen umgewandelt sind. Sie schützen die Pflanze. **Blattsukkulenten**, wie Sedumarten, Agaven, Pfennigbäume und viele andere Pflanzen aus Trockengebieten, haben dickfleischige Blätter. Darin können sie Wasser speichern.

Blattdornen bei der Berberitze

Blattsukkulenz beim Pfennigbaum

Hochblätter beim Weihnachtsstern

Abbildung 18
Beispiele für Blattumwandlungen

6 Blüte

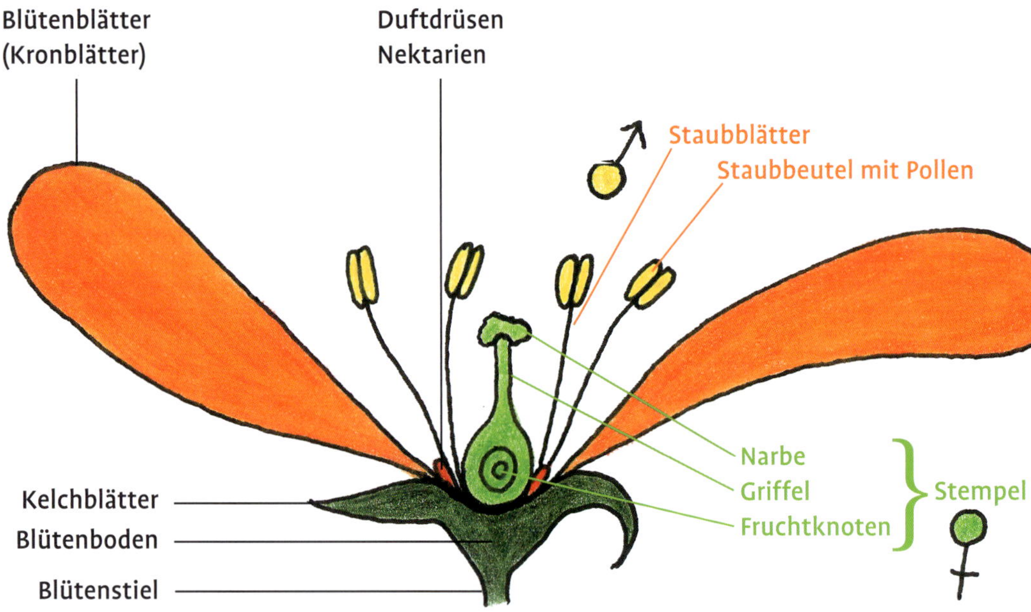

Abbildung 19
Insektenbestäubte zwittrige Blüte

Die **Kelchblätter** sind meist grün. Wenn die Blüte geschlossen ist, dienen sie zum **Schutz** der Blüte. Bei einigen Pflanzen sind sie auch bunt, zum Beispiel bei Fuchsien und Tulpen.

Die **Blütenblätter (Kronblätter)** sind meist groß und bunt. Sie **locken Insekten an**.

Bei den **Staubblättern** handelt es sich um den **männlichen Teil** der Blüte. Die **Staubbeutel** enthalten den **Pollen (Blütenstaub)**. Der Pollen hat die selben Aufgaben wie das Sperma des Mannes. Er muss zu den Samenanlagen im Fruchtknoten gelangen und diese befruchten. Da der Pollen recht empfindlich ist, schließen sich viele Blüten bei Nacht oder Regen.

Das **Fruchtblatt** (oder **Stempel**) ist der **weibliche Teil** der Blüte und besteht aus Narbe, Griffel und Fruchtknoten. Die **Narbe** ist klebrig, damit der Pollen gut daran haften bleibt. Durch den **Griffel** wächst der Pollen hinunter bis zum **Fruchtknoten.** Im Fruchtknoten sind die **Samenanlagen**.

Die **Nektarien** produzieren Nektar. Nektar ist eine süße Flüssigkeit, von der sich viele Insekten ernähren. Die Bienen machen daraus Honig. Nektar ist der Hauptgrund, weshalb viele Insekten von Blüte zu Blüte fliegen. Einige Pflanzen besitzen **Duftdrüsen**, die Duftstoffe produzieren und Insekten anlocken.

Der **Blütenstiel** trägt den **Blütenboden**, an dem alle Blütenteile befestigt sind.

6.1 Bestäubung

Wenn Blütenpollen auf die Narbe einer Blüte gelangt, spricht man von Bestäubung. Es reicht, wenn ein einziges **Pollenkorn** an der **Narbe kleben** bleibt.

Es gibt verschiedene Arten der Bestäubung.

Bei der **Tierbestäubung** transportieren Tiere den Pollen zur Narbe. Insektenbestäubte Blüten haben klebrigen Pollen, denn er soll an den Insekten hängen bleiben. Außerdem haben sie auffällige bunte Blütenblätter und Duftdrüsen zum Anlocken der Insekten. Nektar und Pollen dient als Nahrung für die Insekten. Bienen, Hummeln und Schmetterlinge sind fleißige Bestäuber.

Bei der **Windbestäubung** nimmt der Wind den Pollen mit zur nächsten Pflanze. Windbestäubte Blüten sind klein und unscheinbar. Der Pollen ist staubig, sehr leicht und wird in großen Mengen produziert, sehr zum Leidwesen von Allergiekranken.

Bei der Bestäubung kann es vorkommen, dass der Pollen einer Blüte an der Narbe derselben Blüte kleben bleibt. Die Blüte hat sich dann selbst bestäubt. Man nennt das **Selbstbestäubung**. Bei der **Fremdbestäubung** gelangt der Pollen von einer Pflanze auf die Narbe einer anderen Pflanze.

Kornblume

Kokardenblume

Mohn

Oregano

Abbildung 20
Insektenbestäubte Blüten

Haselnuss

Lärche

Gras

Kiefer

Abbildung 21
Windbestäubte Blüten

Abbildung 22
Selbst- und Fremdbestäubung

Selbstbestäubung

Fremdbestäubung

männliche Weide

weibliche Weide

weiblicher Hopfen

Abbildung 23
Geschlechtsverhältnisse

Die **Geschlechtsverhältnisse** bei Pflanzen sind etwas komplizierter als beim Menschen. Viele Pflanzen haben **zwittrige Blüten**, Stempel und Staubblätter sind zusammen in einer Blüte. Es gibt aber auch **weibliche Blüten** (ohne Pollen) und **männliche Blüten** (ohne Stempel). Wenn weibliche und männliche Blüten **an einer Pflanze** wachsen, spricht man von **einhäusigen Pflanzen** (Haselnuss, Walnuss, Lärche). Wenn **männliche Pflanzen** nur männliche Blüten bilden und **weibliche Pflanzen** nur weibliche Blüten, spricht man von **zweihäusigen Pflanzen** (Weide, Sanddorn, Kiwi). Beim Anbau dieser Pflanzen muss man unbedingt ein paar männliche Pflanzen zwischen die weiblichen Pflanzen setzen, sonst werden die weiblichen Pflanzen nicht befruchtet und bilden keine Früchte. Auch der Hopfen ist zweihäusig. Man benutzt zum Bierbrauen die weiblichen Blüten.

6.2 Befruchtung

Ist ein Pollenkorn auf der richtigen Narbe gelandet, wächst es mit einem **Pollenschlauch** durch den Griffel hindurch zu den Samenanlagen. Wenn die **männlichen und weiblichen Erbanlagen im Fruchtknoten verschmelzen**, nennt man das **Befruchtung**. Nach der Befruchtung fallen Blütenblätter, Staubfäden und meist auch die Kelchblätter ab. Der Fruchtknoten wird dicker.

Abbildung 24
Die Befruchtung

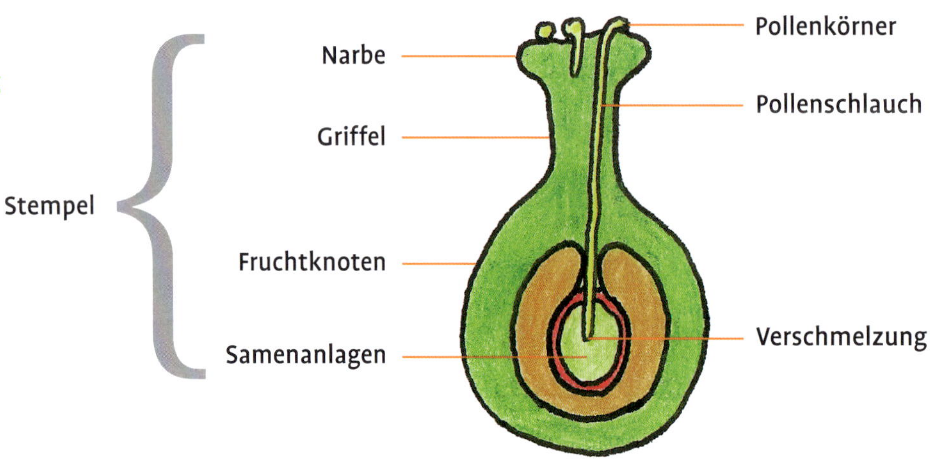

7 Frucht

Nach der Befruchtung wächst die Frucht heran. Aus der **Fruchtknotenwand** entsteht das **Fruchtfleisch**, aus den **Samenanlagen** die **Samenkörner**.

Pflanzen breiten sich auf der ganzen Welt aus, obwohl sie nicht laufen können. Wie schaffen sie das?

Springkraut muss man nur berühren, wenn die Samen reif sind. Dann schießen die Samen bis zu sieben Meter weit weg → **Selbstverbreitung**.

Leichte Samen fliegen gerne mit dem Wind. Damit das besser geht, haben sie Haare, Fallschirme oder Flügel der verschiedensten Bauart → **Verbreitung durch Wind**.

Wer zu schwer für den Wind ist, kann vielleicht schwimmen. Dazu braucht man eine wasserdichte Schale und luftgefüllte Kammern → **Verbreitung durch Wasser**.

Echte Schönheiten mit gutem Geschmack verlassen sich auf Menschen und Tiere. Manche haken sich auch im Fell oder am Pullover fest. Oder sie rechnen mit der Vergesslichkeit der Eichhörnchen, die nie alle Nüsse wieder finden, die sie im Herbst verstecken. → **Verbreitung durch Menschen oder Tiere**.

Abbildung 25
Pflanzenverbreitung

Selbstverbreitung

Springkraut

Verbreitung durch Wind

Clematis

Löwenzahn

Fichte

Verbreitung durch Wasser

Kokosnuss

Verbreitung durch Menschen oder Tiere

Himbeere

Klette

8 Zelle

Alle Lebewesen sind aus winzig kleinen Zellen zusammengebaut. Sehr kleine Lebewesen, die Einzeller, bestehen nur aus einer Zelle. Größere Lebewesen haben viele Zellen. Ein mittleres Laubblatt hat ungefähr 20 Millionen Zellen. Jede Zelle hat ihre Spezialaufgaben.

Die **Zellwand** gibt der Zelle **Festigkeit und Schutz**, wie eine Kiste oder ein Karton.

Die **Tüpfel** sind kleine Öffnungen in der Zellwand. Sie wirken wie **Verbindungskanäle** von Zelle zu Zelle und dienen dem **Stoffaustausch** zwischen den Zellen. So wie wir in einem Haus durch die Türen von Zimmer zu Zimmer gehen können, so können Stoffe durch die Tüpfel von Zelle zu Zelle gelangen.

Der **Zellkern** ist die **Kommandozentrale**. Von hier aus werden alle Vorgänge in der Zelle gesteuert. Außerdem sind in jedem Zellkern sämtliche **Erbinformationen** einer Pflanze gespeichert. Das ist beim Menschen genauso. Deshalb reicht es, wenn am Tatort eines Verbrechens ein einziges Haar vom Täter gefunden wird. Es lässt sich zweifelsfrei bestimmen, wem dieses Haar einmal gehört hat.

Die **Chloroplasten** sind grün. Diese Farbe verrät alles. In den Chloroplasten befindet sich das **Blattgrün**. Hier findet die **Fotosynthese** statt.

Die **Vakuole** ist mit **Zellsaft** gefüllt. Sie dient zur **Speicherung von Reserve-, Abfall-, Aroma-, Farb- und Geschmacksstoffen**. Wenn man Orangensaft trinkt, trinkt man den Zellsaft der Orangenfrucht.

Das **Zellplasma** ist **immer in Bewegung** und sorgt zum Beispiel dafür, dass die Chloroplasten in den Palisadenzellen alle einmal nach oben gelangen, um Sonnenlicht einzufangen. Das Zellplasma besteht aus Wasser und Eiweiß. Wenn Eiweiß zu heiß wird, wird es fest. Dasselbe passiert beim Eierkochen. Wenn eine Zelle über 50 °C heiß wird, wird das Eiweiß fest, das Zellplasma kann sich nicht mehr bewegen, die Zelle stirbt.

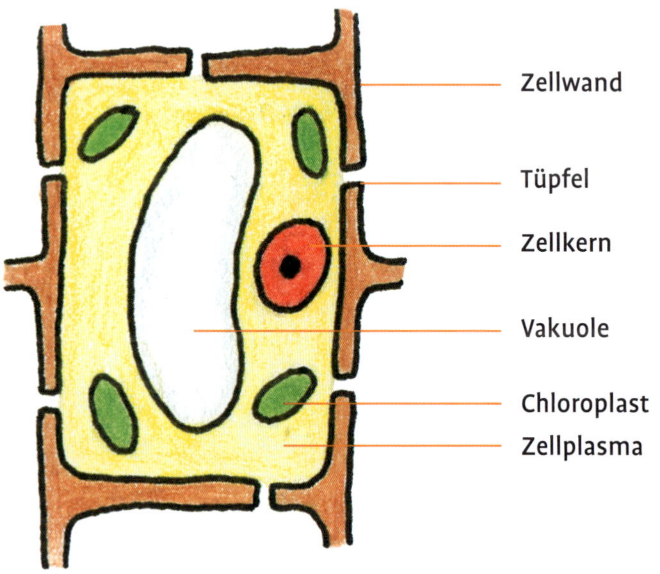

Abbildung 26
Die Pflanzenzelle

Je nachdem, wo die Zellen in einer Pflanze wachsen und welche Aufgaben sie haben, sehen sie verschieden aus.

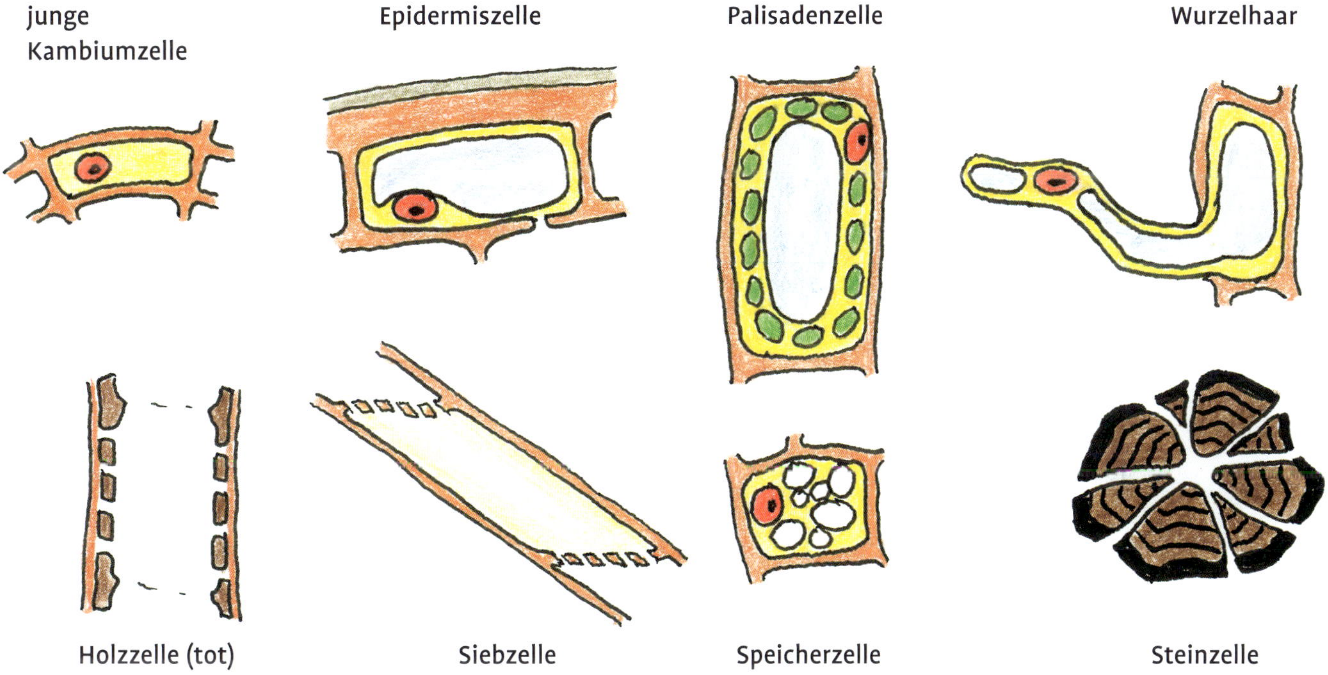

Abbildung 27
Zellen passen sich ihren Aufgaben an

Kambiumzellen haben die Aufgabe, sich zu teilen. Auch in den Wachstumspunkten der Wurzeln und Knospen findet man Zellen, die sich beim Wachsen ständig teilen. **Epidermiszellen** schützen alle anderen Zellen in der Pflanze. Sie sind deshalb stabil gebaut und halten fest zusammen. **Palisadenzellen** haben viel Blattgrün und sind für die Fotosynthese zuständig. **Wurzelhaare** nehmen Wasser und Nährstoffe auf.

In den **Holzzellen** werden Wasser und Nährstoffe nach oben geleitet. **Siebzellen** leiten Assimilate. **Speicherzellen** können Nährstoffe speichern. Man findet sie in Knollen, Zwiebeln und im Nährgewebe des Samenkorns. **Steinzellen** gibt es in Nussschalen. Sie sind extrem hart.

9 Fotosynthese (Assimilation)

Grüne Pflanzen fangen Sonnenenergie ein und speichern sie in Zuckerteilchen. Das nennt man **Fotosynthese**. Dabei passiert Erstaunliches: Die Pflanzen brauchen nur ganz einfache Dinge wie **Licht, Luft** und **Wasser**. Daraus machen sie **Traubenzucker**. Das kann sonst niemand.

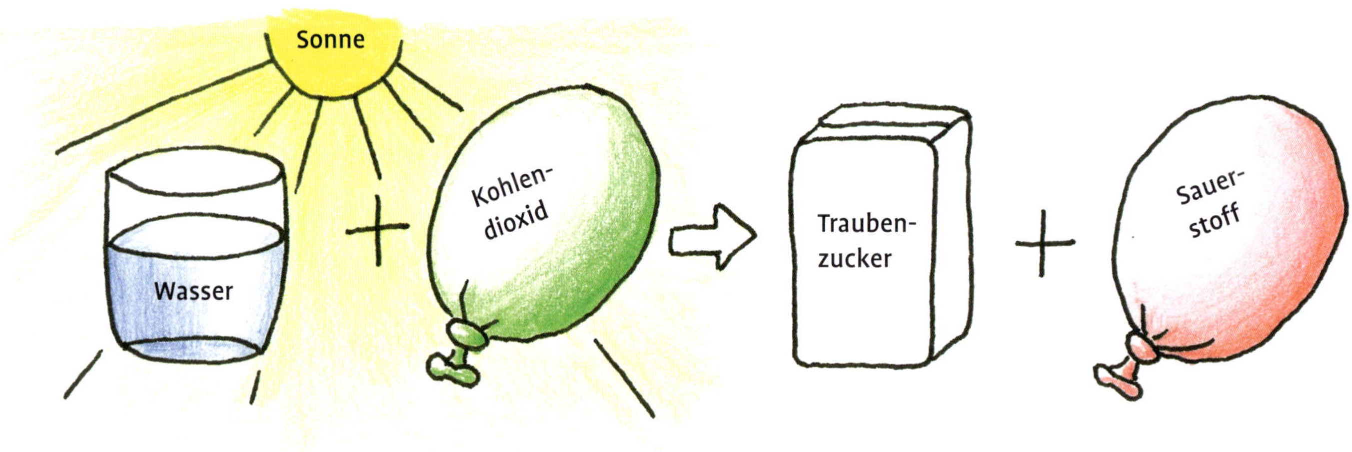

Abbildung 28
Die Fotosynthese

Die Fotosynthese ist eine chemische Reaktion. Das heißt: Man nimmt ein paar Dinge, gibt ein bisschen Energie dazu und plötzlich kommen ganz andere Dinge dabei heraus. Chemische Reaktionen schreibt man so:

Wasser + Kohlendioxid + Lichtenergie → Traubenzucker + Sauerstoff

Im **Traubenzucker** ist die **Sonnenenergie gespeichert**. Traubenzucker ist wasserlöslich. Er kann in Wasser gelöst in der Pflanze überall hin transportiert werden. Wenn eine Pflanze Energie braucht, zerlegt sie ein Zuckerteilchen und schon wird die gespeicherte Sonnenenergie wieder frei.

Wenn die Sonne kräftig scheint, entsteht in den Blättern viel Traubenzucker. Oft braucht die Pflanze gerade nicht so viel Zucker. Dann baut sie aus vielen Zuckerteilchen lange Ketten zusammen, die Stärke. Stärke ist nicht wasserlöslich, lässt sich Platz sparend zusammenlegen und kann deshalb gut gespeichert werden. Wenn die Pflanze Energie braucht, kann sie die **Stärke** jederzeit wieder in Traubenzucker zerlegen.

Die Pflanze braucht den **Traubenzucker** nicht nur als **Energieträger**, sondern auch als **Baustoff**. Aus dem Boden holt die Pflanze verschiedene Pflanzennährstoffe. Aus diesen Nährstoffen und dem Traubenzucker baut die Pflanze ihre Zellen auf. Sie baut daraus die herrlichsten Dinge zusammen: duftende Blüten, Äpfel, Bananen, Oliven, Getreidekörner, Nüsse, Holz, aber auch medizinische Wirkstoffe, Vitamine, Farbstoffe und sogar Gift.

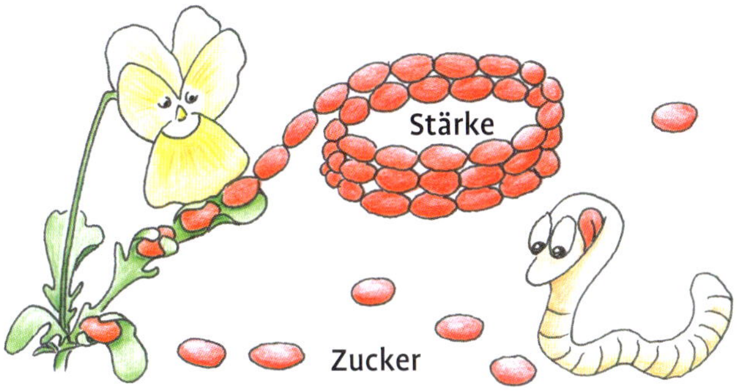

Abbildung 29
Speicherung von Zucker

Wenn es keine Fotosynthese gäbe, müssten wir verhungern. Nicht nur das Essen würde uns fehlen. Ohne Sauerstoff zum Atmen wären wir innerhalb von fünf Minuten tot. Pflanzen sind also sehr wichtig für uns.

Abbildung 30
Blattfarben

rot

panaschiert

Herbstlaub

immergrün

Fotosynthese findet **nur im Blattgrün** statt. Alle grünen Pflanzenteile betreiben Fotosynthese. Bei rotlaubigen Pflanzen ist die grüne Farbe durch rote Farbe überdeckt und daher schlecht zu sehen. Bei panaschierten Pflanzen fehlt das Blattgrün stellenweise. Sie wachsen deshalb langsamer als Pflanzen mit ganz grünen Blättern. Im Herbst bauen Bäume und Sträucher das Blattgrün ab, darunter kommen andere Farben zum Vorschein und ergeben die Herbstfarben.

Fotosynthese bedeutet Traubenzuckerbildung. Traubenzucker bedeutet Energie. Mit viel Energie können Pflanzen **schnell wachsen**. Die Fotosynthese funktioniert am besten, wenn die Pflanzen genug Wasser, Kohlendioxid und Licht bekommen und es ausreichend warm ist.

Wie kann man als Gärtner die **Fotosynthese fördern**?

a) **Ausreichend gießen:** Bei Wassermangel schließen die Spaltöffnungen. Ohne Gasaustausch gibt es keine Fotosynthese.

b) **Genug Licht:** Bei zu wenig Licht gibt es keine Fotosynthese.
- Fenster im Gewächshaus sollten möglichst lichtdurchlässig sein.
- Künstliche Zusatzbelichtung bei zu wenig Licht.
- Pflanzen weit genug auseinander stellen oder pflanzen, Baumkronen auslichten.

c) **Heizen**, wenn es im Gewächshaus für die Pflanzen zu kalt ist.

d) Eventuell **Kohlenstoffdioxidbegasung** im Gewächshaus.

10 Atmung

Wer leben will, muss atmen. Das ist nicht nur beim Menschen so, sondern auch bei den Pflanzen. **Pflanzen** haben keine Nase. Sie **atmen überall**. Sogar die Wurzeln atmen unter der Erde. Die Pflanzen atmen **Tag und Nacht**, so wie wir auch. Man bemerkt es nur bei den Pflanzen nicht so.

Bei der Atmung wird **Traubenzucker verbraucht**. **Energie wird frei**. Diese Energie brauchen die Pflanzen zum Wachsen und Leben. Sehen wir uns die chemische Reaktion der Atmung an:

Traubenzucker + Sauerstoff ⟶
Wasser + Kohlendioxid + Energie

Eigentlich ist das die Fotosynthesereaktion rückwärts. Statt Lichtenergie steht Energie. Das stört wenig, Energiearten wandeln sich leicht ineinander um. Die Lichtenergie der Sonne wird auf unserer Haut zu angenehmer Wärmeenergie. Das hat jeder schon gespürt. Außerdem wird deutlich, warum dieser Vorgang „Atmung“ heißt. Genau wie der Mensch verbraucht die Pflanze Sauerstoff und atmet Kohlendioxid aus.

Bei Wärme atmen Pflanzen stärker als bei Kälte. Ein gepflückter Apfel lebt und atmet. Bei Wärme atmet er stark, er verbraucht viel Zucker. Da er hauptsächlich aus Zucker zusammengebaut ist, wird er dabei immer kleiner. Er schrumpelt. Bei Kälte atmet der Apfel wenig und schrumpelt nicht so schnell. Er hält sich länger. Aus diesem Grund lagert man Obst, Gemüse, Schnittblumen oder Stecklinge in **Kühllagern**.

Nachts betreibt eine Pflanze keine Fotosynthese, sie atmet nur. Das heißt, sie „wächst rückwärts“, weil sie Zucker verbraucht. Wenn man nachts die Temperatur im Gewächshaus niedrig hält, verbrauchen die Pflanzen weniger Zucker. Die nächtliche Temperaturabsenkung nennt man **Nachtabsenkung**.

Ein Samenkorn atmet wenig. Es ist im **Ruhestadium** wie ein Bär im Winterschlaf. In der Wachstumsphase atmen Pflanzen stark, weil sie dann viel Energie zum Wachsen brauchen.

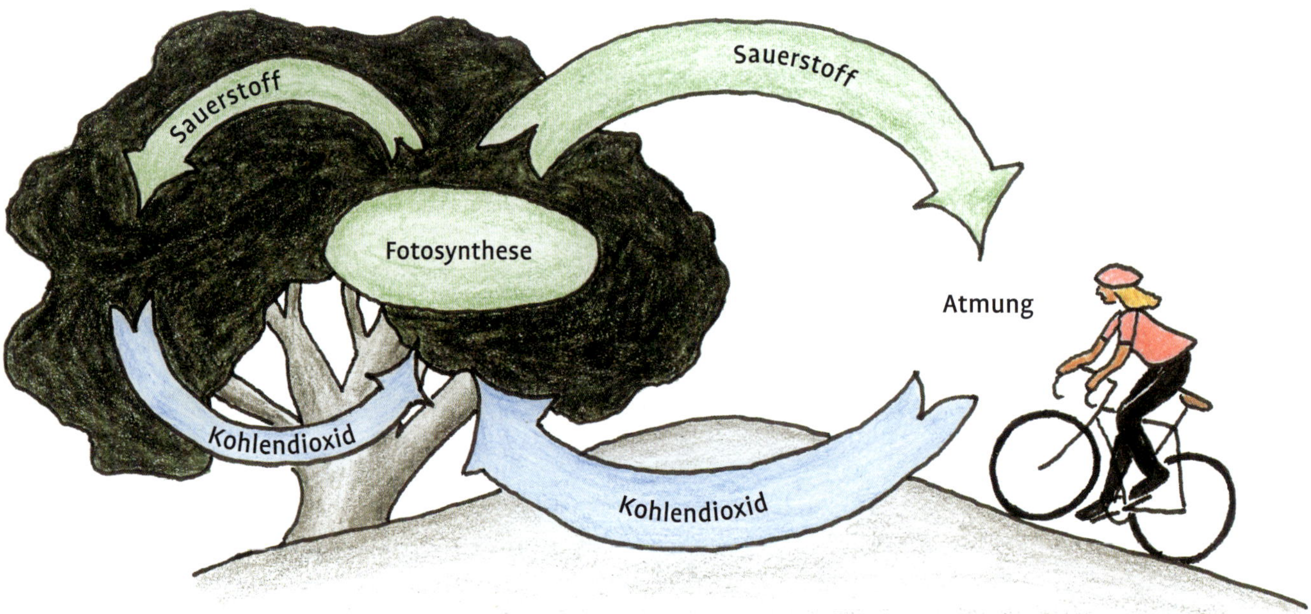

Abbildung 31
Ohne Fotosynthese kein Leben

11 Wasserhaushalt

Wasser ist für die Pflanze lebenswichtig. Sie braucht es für die **Fotosynthese**. Außerdem dient es als **Lösungs- und Transportmittel**. Pflanzennährstoffe und Zucker werden in Wasser gelöst und können so durch die feinen Leitungsbahnen der Pflanze transportiert werden. Wasser dient auch zur **Abkühlung**. Bei großer Hitze „schwitzt“ die Pflanze. Sie verdampft viele kleine Wassertröpfchen aus den Spaltöffnungen heraus. Bei der **Verdunstung** der Wassertröpfchen entsteht Kälte. Krautige Pflanzen brauchen unbedingt einen bestimmten **Wasserdruck**, damit sie aufrecht stehen bleiben. Wenn eine Pflanze zu wenig Wasser bekommt, lässt sie ihre Blätter hängen, sie wird schlapp. Nach dem Gießen füllen sich die Blätter wieder mit Wasser. Die Pflanze pumpt ihre Zellen mit Wasser voll, ähnlich wie wenn eine Hüpfburg mit Luft aufgeblasen wird. Den Wasserdruck im Inneren der Pflanzenzellen nennt man **Turgor**. Auch das Öffnen und Schließen der Spaltöffnungen wird durch den Turgor geregelt. Bei hohem Druck sind die Spaltöffnungen offen, bei nachlassendem Druck schließen sie.

Warum fließt das Wasser in den Leitungsbahnen der Pflanzen eigentlich bergauf?

Aus den Zellen verdunstet Wasser. Es entsteht Wasserdampf in der Pflanze. Wenn die Spaltöffnungen offen sind, entweicht der Wasserdampf ins Freie **(Verdunstung)**. Durch den Wasserverlust wird immer neues Wasser durch die Leitungsbahnen **nach oben gezogen**, wie beim Trinken mit einem Strohhalm. Es ist erstaunlich, wie Wasser auf diese Weise bis in die Wipfel hoher Bäume gelangt, ganz ohne Pumpe. Eigentlich zieht die Sonne das Wasser nach oben, denn durch die Wärme der **Sonne** verdunstet das Wasser.

Leidet die Pflanze unter Wassermangel, schließt sie ihre Spaltöffnungen. Dann verdunstet kein Wasser. Es fließt kein Wasser nach oben, auch Gasaustausch und Fotosynthese funktionieren nicht mehr.

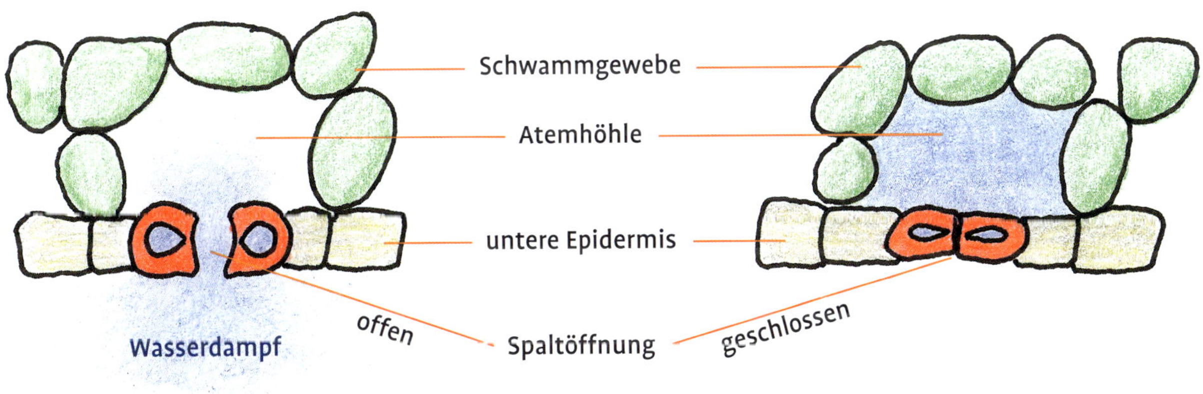

Abbildung 32
Offene und geschlossene Spaltöffnung

Im Frühling haben die Bäume keine Blätter, es verdunstet kein Wasser an den Spaltöffnungen. Dann drücken die Bäume das Wasser aktiv aus der Wurzel nach oben. Sie brauchen dazu viel Energie. Man nennt das **Wurzeldruck**. Wenn man im Frühling kurz vor dem Laubaustrieb einen Ast absägt, tropft das Wasser heraus, das die Wurzel nach oben drückt.

Abbildung 33
Wurzeldruck bei der Buche

Wie holt die Pflanze das Wasser aus dem Boden?

Mit einem Strohhalm kann man kein Wasser aus einem normalen Boden saugen. Deshalb haben die Pflanzen eine schlaue Methode zur Wasseraufnahme entwickelt, die **Osmose**. Das **Wurzelhaar** besitzt eine **halb durchlässige Wand**, eine semipermeable Membran. Wasser kann frei durch diese Wand hindurch, andere Stoffe kommen nur mit Erlaubnis hindurch. Wasser „amüsiert sich gern", es will immer dorthin, wo viele **gelöste Stoffe** im Wasser sind. Wenn eine Pflanze viele gelöste Stoffe (z. B. Zucker) ins Wurzelhaar schickt, fließt das Wasser freiwillig aus dem Boden ins Wurzelhaar. Schließlich ist dort „was los". Die Pflanze kann mit dem Gehalt an gelösten Stoffen im Wurzelhaar genau steuern, wie viel Wasser sie aufnehmen möchte. Aus dem Wurzelhaar wird das Wasser dann mit dem Verdunstungsstrom nach oben in die Blätter gesaugt. Die gelösten Stoffe bleiben jedoch im Wurzelhaar, sodass aus dem Boden immer neues Wasser nachkommt.

Achtung! Wenn man viel schnell löslichen Mineraldünger streut, steigt der Gehalt an gelösten Stoffen im Boden. Das Wasser wandert dann aus den Wurzelhaaren in den Boden. Die Pflanze vertrocknet, obwohl der Boden feucht ist. In der Gärtnersprache sagt man: „Der Dünger hat die Pflanzen verbrannt."

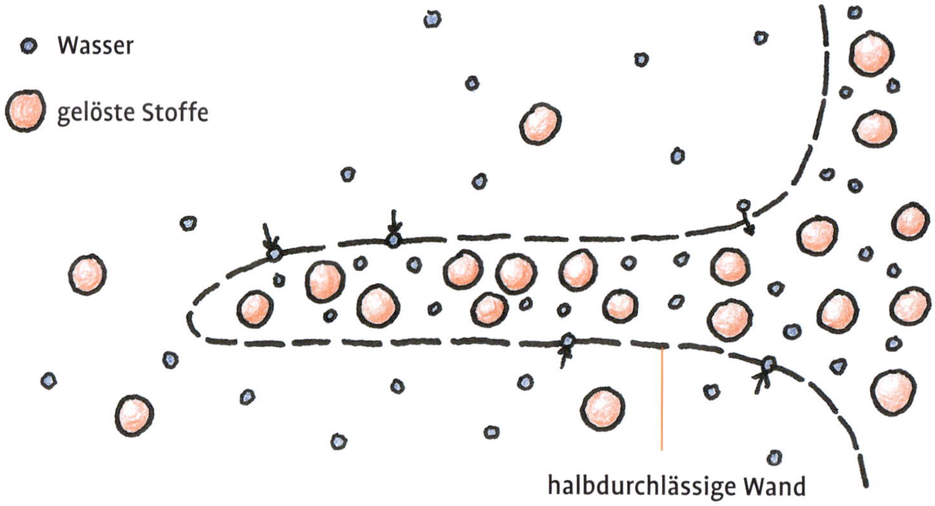

Abbildung 34
Wasseraufnahme am Wurzelhaar (Osmose)

B Sortieren und Benennen der Pflanzen

1 Systematik

Wissenschaftler sortieren alle Lebewesen in Gruppen mit ähnlichen Lebewesen. Das nennt man Systematik. Unten sind ein paar Gruppen zu sehen, die für einen Gärtner wichtig sind.

Früher sortierte man hauptsächlich nach dem Aussehen, zum Beispiel nach der Blütenform. Heute kann man die Lebewesen genauer untersuchen und sortiert auch nach Merkmalen, die man mit dem Auge nicht sieht, zum Beispiel danach, ob in den Zellen ein echter Zellkern ist.

Bakterien sind so winzig, dass man sie mit bloßem Auge nicht sehen kann.

Bakterien

Algen

Pilze

Flechten

Moose

Farne

Samenpflanzen

Abbildung 35
Diese Gruppen sind für einen Gärtner wichtig. Die oberen vier Gruppen zählen neuerdings nicht mehr zu den Pflanzen.

Die Wissenschaftler sind mit dem Sortieren noch nicht fertig. Deshalb werden immer wieder Pflanzen umbenannt oder anders sortiert.

Bakterien sind winzig klein. Die meisten kann man nur unter dem Mikroskop erkennen. Sie bestehen normalerweise nur aus einer Zelle und vermehren sich sehr schnell, indem sie sich einfach teilen. Nur wenige Bakterien können Fotosynthese betreiben, die anderen leben von anderen Dingen, zum Beispiel von Hautschuppen. Jeder Mensch hat etwa eine Billion Bakterien auf der Haut. Das ist völlig harmlos. Manche Bakterien können aber krank machen. Sogar Pflanzen können Bakterienkrankheiten bekommen. Die meisten Bakterien sind für Gärtner aber eher nützlich.

Algen bilden Blattgrün. Sie leben im Wasser oder an feuchten Stellen. Man findet sie oft in Gartenteichen. Das Wasser ist dann grün und die Steine sind glitschig. Im Boden leben viele nützliche Algen.

Pilze haben kein Blattgrün. Sie bestehen aus vielen **Pilzfäden**, die ein **Pilzgeflecht** bilden. Einige vermehren sich nur mit Pilzfäden, andere bilden **Sporen**. Essbare Hutpilze kennt jeder aus dem Wald. Schimmelpilze auf Brot oder Apfelsinen sind giftig. Viele Pflanzenkrankheiten werden von Pilzen verursacht. Aber es gibt im Boden auch viele nützliche Pilze. Manche leben in Gemeinschaft mit den Pflanzenwurzeln. Wenn Pflanze und Pilz sich gegenseitig helfen, nennt man das **Symbiose**, eine Lebensgemeinschaft zu beiderseitigem Nutzen.

Flechten wachsen oft auf Felsen oder Bäumen. Wo viele Flechten wachsen, ist die Luft gut, denn viele Flechtenarten sind sehr empfindlich gegen Abgase. Extreme Hitze, Kälte und Trockenheit halten sie dagegen aus. Flechten bestehen aus einem stabilen Pilzgerüst, in dem eine Alge als Untermieter wohnt. Die beiden sind fest zusammen gewachsen und helfen sich gegenseitig.

Moose findet man im Wald oder auf schattigen Rasenflächen. Meist bilden sie weiche grüne Polster. Moose vermehren sich durch Sporen, Brutkörper und Pflanzenteile, die einfach wieder anwachsen. In manchen Gärtnereien ist das Lebermoos eine Plage. Im Hochmoor wächst Torfmoos (Sphagnum), daraus entsteht der Torf.

Viele **Farne** lieben Schatten und Feuchtigkeit, deshalb findet man sie meist im Wald. Die großen mehrfach gefiederten „Blätter" der Farne werden Wedel genannt. Farne bilden keine Blüten. Auf der Blattunterseite bilden sich Sporenkapseln mit Sporen zur Vermehrung.

Die **Samenpflanzen** bilden Blüten und Samen zur Vermehrung. Fast alle gärtnerisch genutzten Pflanzen sind Samenpflanzen.

Pflanzenfamilien

Pflanzen, die sich sehr ähnlich sind, sortieren die Wissenschaftler in eine Familie. Jede Pflanzenfamilie hat ihren eigenen Namen. Familiennamen erkennt man in der botanischen Sprache leicht. Sie enden fast immer auf **-aceae**.

Sehen wir uns zwei Familien näher an:

Asteraceae: Korbblütler

Viele winzige Blüten sind wie in einem Korb „versammelt“. Ganz außen umrahmen Zungenblüten den „Korb“ mit großen Blütenblättern, sodass er aussieht, wie eine einzige große Blüte (Beispiele: Sonnenblume, Gänseblümchen, Gerbera, Aster, Chrysantheme). Bei manchen Korbblütlern haben alle Blüten Zungenblüten (Beispiele: Löwenzahn, gefüllte Chrysantheme).

Aster

Sonnenblume

Gänseblümchen

Chrysantheme

Abbildung 36
Asteraceae

Rosaceae: Rosengewächse

Die Blüten sind fünfzählig. Sie haben fünf Kelchblätter, fünf Blütenblätter (wenn sie nicht gefüllt sind) und viele Staubblätter, deren Anzahl immer ein Vielfaches von fünf ist. Beispiele: Apfel, Brombeere, Rose, Erdbeere, Kirsche, Pflaume, Ziermispel und Eberesche.

Rose

Kirsche

Apfel

Brombeere

Abbildung 37
Rosaceae

2 Botanische Namen

Botanische Namen sind **international gültig**. So können sich Gärtner auf der ganzen Welt sicher verständigen. Sogar innerhalb Deutschlands sind botanische Namen hilfreich. Der Holunder hat zum Beispiel mehr als dreißig deutsche Namen, aber nur einen botanischen Namen.

Im botanischen Pflanzennamen steht zuerst der **Gattungsname**, dann der **Artname** und danach eventuell die **Sorte**.

Der **Gattungsname** wird **immer großgeschrieben**: z. B. *Hedera* (Efeu), *Cyclamen* (Alpenveilchen) oder *Helianthus* (Sonnenblume).

Der **Artname** wird immer **kleingeschrieben**. Er beschreibt manchmal eine Eigenschaft oder die Herkunft der Pflanze, z. B. *helix* (windend), *persicum* (persisch), *annuus* (einjährig).

Die **Sorte** steht in einfachen **Anführungsstrichen** oben und wird groß geschrieben.

Manchmal steht ein **×** im Pflanzennamen. Dann haben wir einen Bastard vor uns, eine **Kreuzung** aus verschiedenen Pflanzenarten. Gartenstiefmütterchen (*Viola* × *wittrockiana*) oder Gartenchrysantheme (*Chrysanthemum* × *grandiflorum*) sind Bastarde.

Botanische Namen werden manchmal anders ausgesprochen als man denkt, weil sich die Aussprache nach den lateinischen Regeln richtet. Am besten, man hört gut bei anderen zu, die die Namen richtig aussprechen.

Botanischer Name			Deutscher Name
Gattung	Art	Sorte	
Hedera	*helix*		Gewöhnlicher Efeu (Wildform)
Hedera	*helix*	'Adam'	bestimmte Zuchtform des Gewöhnlichen Efeu: Blattmitte hellgrün, Blattränder weiß

3 Botanische Zeichen

Gärtner benutzen Zeichen als Abkürzungen. Man findet sie auf Etiketten, in Katalogen und Büchern.

⊙ **Einjährig:** Einjährige Pflanzen keimen, wachsen, blühen, bilden Samen und sterben ab. All das passiert innerhalb von einem Jahr. *Helianthus anuus* (Sonnenblume), *Tagetes patula* (Studentenblume), *Stellaria media* (Vogelmiere), *Lactuca sativa* var. *capitata* (Kopf-Salat).

(••) **Zweijährig:** Die Pflanze keimt und wächst im ersten Jahr, überwintert einen Winter lang, macht im zweiten Jahr Blüten und Samen und stirbt dann ab. *Viola* × *wittrockiana* (Stiefmütterchen), *Daucus carota* (Möhre).

♃ **Staude:** Stauden sind mehrjährige krautige Pflanzen. Die meisten Stauden sterben im Herbst oberirdisch ab. Als Wurzel, Knolle, Zwiebel oder Rhizom überleben sie den Winter im Boden und treiben in jedem Frühling wieder neu aus. *Dahlia*-Cultivars (Gartendahlie, muss frostfrei überwintern), *Delphinium*-Cultivars (Rittersporn), *Fragaria* × *ananassa* (Erdbeere), *Urtica dioica* (Große Brennnessel), *Taraxacum* sect. *Ruderalia* (Löwenzahn), *Allium schoenoprasum* (Schnittlauch).

♄ **Halbstrauch:** Halbsträucher sind halb verholzt. Junge Sprosse sind krautig, alte Sprosse sind verholzt. *Lavandula angustifolia* (Lavendel), *Salvia officinalis* (Salbei), *Kalanchoe blossfeldiana* (Flammendes Käthchen), *Argryranthemum frutescens* (Strauchmargerite).

♄ **Strauch:** Sträucher sind verholzt, bilden aber keinen Baumstamm, sondern verzweigen sich gleich über dem Boden. *Erica gracilis* (Erika), *Fuchsia*-Cultivars (Fuchsien), *Ribes sanguineum* (Blutjohannisbeere), *Ribes rubrum* (Rote Johannisbeere), *Rosa canina* (Hundsrose).

♄ **Baum:** Bäume sind verholzt und bilden einen Stamm und eine Krone. *Fagus sylvatica* (Rotbuche), *Juglans regia* (Walnuss), *Ficus benjamina* (Birkenfeige), *Ficus elastica* (Gummibaum).

♂ **Männlich:** Eine kleine Gedankenstütze – das Zeichen ähnelt einem zum Kampf erhobenen Schwert.

♀ **Weiblich:** Dieses Zeichen ähnelt einem Spiegel mit Kreuzgriff.

○ **Sonne:** Die Pflanze braucht einen vollsonnigen Standort. Sie kann zum Beispiel auf der Südseite von Häusern wachsen.

◐ **Halbschatten:** Die Pflanze steht gern den halben Tag im Schatten. Sie kann auf der West- oder Ostseite von Häusern oder Bäumen wachsen.

● **Schatten:** Die Pflanze gedeiht nur im Schatten, zum Beispiel unter Bäumen oder auf der Nordseite von Häusern.

Hängepflanze: Die Sprossachsen der Pflanze hängen herunter. *Pelargonium peltatum* (Hängegeranie), *Jasminum nudiflorum* (Winterjasmin).

Kletterpflanze: Die Pflanzen klettern an Wänden oder Bäumen empor. *Hedera helix* (Efeu), *Philodendron hederaceum* (Kletternder Baumfreund), *Clematis montana* 'Rubens' (Anemonenwaldrebe).

Kriechpflanze: Die Pflanzen wachsen auf dem Boden entlang. *Ficus pumila* (Kletterfeige), *Soleirolia soleirolii* (Bubikopf), *Hedera helix* (Efeu), *Cotoneaster dammeri* (Zwergmispel).

Topfpflanze: Die Pflanzen werden in Deutschland als Zimmerpflanzen im Topf kultiviert. An ihrem Heimatstandort wachsen sie im Freiland. *Chlorophytum comosum* (Grünlilie), *Cyclamen persicum* (Alpenveilchen), *Rhododendron simsii* (Zimmerazalee).

Einfassung: Die Pflanzen können gut als Hecke oder Einfassung für ein Beet gepflanzt werden. *Buxus sempervirens* (Gewöhnlicher Buchsbaum).

Polsterpflanze: Die Pflanzen bilden niedrige Polster. *Aubrieta*-Cultivars (Blaukissen), *Saxifraga* × *arendsii* (Steinbrech).

Steingarten: Die Pflanzen sind empfindlich gegen viel Wasser im Boden. Sie wachsen gerne in leichten Böden zwischen Steinen. *Festuca cinerea* (Blauschwingel), *Aurinia saxatilis* (Felsen-Steinkraut).

Ufer- und Sumpfpflanze: Die Pflanzen wachsen gerne in feuchtem Boden oder niedrigem Wasser. *Caltha palustris* (Sumpfdotterblume), *Iris pseudacorus* (Sumpfschwertlilie).

Wasserpflanze: *Nymphaea alba* (Seerose).

Warmhaus: Die Pflanzen kommen aus sehr warmen Gegenden und sollten deshalb auch bei uns immer eine Temperatur von mindestens 18 °C haben. *Euphorbia pulcherrima* (Weihnachtsstern), *Ficus elastica* (Gummibaum).

Kalthaus: Die Pflanzen kommen aus Gegenden, wo es im Winter kühl wird, aber nicht friert. Sie können im Gewächshaus bei 5–12 °C überwintert werden. *Asparagus densiflorus* (Zierspargel), *Cyclamen persicum* (Alpenveilchen).

Winterschutz: Die Pflanzen können bei uns im Freien überwintern, brauchen aber in rauen Gegenden etwas Schutz. Wurzeln von Stauden kann man mit Laub oder Kompost abdecken. Halbsträucher wickelt man luftig in Reisig oder Stroh ein. Beispiele: *Rosmarinus officinalis* (Rosmarin), *Thymus vulgaris* (Echter Thymian).

Giftpflanze: Leicht giftige Pflanzen lösen oft nur Übelkeit und Erbrechen aus. Sehr giftige Pflanzen wirken bei entsprechenden Mengen tödlich. Sehr giftig sind zum Beispiel Eibe, Fingerhut, Seidelbast und Goldregen. Giftig sind Alpenveilchen, Tulpe, Oleander, Lebensbaum, Kirschlorbeer, Rhododendron und Blauregen. Leicht giftig sind Osterglocken, Weihnachtsstern, Efeu und Buchsbaum.

Fruchtschmuck: Die Pflanzen tragen hübsche Früchte. *Capsicum annuum* (Zierpaprika), *Cornus mas* (Kornelkirsche), *Chaenomeles japonica* (Zierquitte).

Schnitt für Vasenschmuck: Die Pflanzen eignen sich für Blumensträuße. Beispiele: *Callistephus chinensis* (Sommeraster), *Dianthus caryophyllus* (Edelnelke), *Narcissus pseudonarcissus* (Osterglocke), *Tulipa gesneriana* (Gartentulpe), *Forsythia*-Cultivars (Forsythie).

(N) **Nutzpflanze:** Die Pflanzen werden angebaut, weil sie für den Menschen nützlich sind. Dazu gehören zum Beispiel Nahrungspflanzen, Gewürzpflanzen, Heilpflanzen, Faserpflanzen, Färbepflanzen und Holz liefernde Pflanzen. *Helianthus annuus* (Sonnenblume), *Fragaria × ananassa* (Erdbeere), *Malus domestica* (Apfel), *Pyrus communis* (Birne), *Solanum tuberosum* (Kartoffel), *Nicotiana rustica* (Tabak).

Geschützte Pflanze: Diese Pflanzen sind in der Natur sehr selten geworden und stehen deshalb unter Schutz. Niemand darf sie in der Natur pflücken oder ausgraben und mitnehmen. Viele Menschen möchten sie trotzdem gern in ihrem Garten haben. Deshalb ist es gut, wenn die Gärtner geschützte Pflanzen vermehren. Dann kann sie jeder in der Gärtnerei kaufen. Beispiele: *Primula vulgaris* (Kissenprimel), *Cyclamen persicum* (Alpenveilchen), *Ilex aquifolium* (Stechpalme), *Taxus baccata* (Eibe), *Nymphaea alba* (Weiße Seerose), *Pinus mugo* (Bergkiefer).

V-VII **Blütezeit:** Die Pflanze blüht an ihrem Naturstandort von Mai bis Juli. Im Zimmer oder in geheizten Gewächshäusern können die Pflanzen zu anderen Zeiten blühen.

Römische Zahlen für die zwölf Monate											
I	II	III	IV	V	VI	VII	VIII	IX	X	XI	XII
1	2	3	4	5	6	7	8	9	10	11	12

C Bodenkunde

Boden ist die oberste verwitterte Schicht der Erdkruste. Er dient als Standort und Nährstoffquelle für die Pflanzen. Boden besteht aus **mineralischen** und **organischen Bestandteilen**, **Luft** und **Wasser**.

Abbildung 38
Bodenbestandteile

1 Bodenentstehung

Stellen Sie sich eine Felswüste vor. Dort gibt es jede Menge Felsen und Steine, aber keinen Boden. Große Teile von Deutschland sahen nach der letzten Eiszeit so aus. Inzwischen sieht Deutschland anders aus, es ist Boden entstanden.

Boden entsteht zunächst aus Gestein. Es gibt **verschiedene Gesteine**, sie haben verschiedene Farben, sind verschieden hart und aus unterschiedlichen Materialien zusammengesetzt. Böden sehen verschieden aus und haben verschiedene Eigenschaften, je nachdem aus welchem Gestein sie entstanden sind. Aus Kalkstein entsteht ein anderer Boden, als aus Granit oder Sandstein.
Damit Boden entsteht, muss das Gestein in kleine Teile zerfallen oder sich sogar ganz auflösen. Das

Abbildung 39
Bodenprofile

nennt man **Verwitterung**. Es gibt Verwitterung durch Kräfte und Verwitterung durch Lösung.

Verwitterung durch Kräfte

Pflanzenwurzeln: Eine junge Baumwurzel wächst in eine Ritze im Fels hinein. Der Baum wächst. Die Wurzel wird dicker und sprengt den Felsen auseinander. Baumwurzeln haben viel Kraft, sie können sogar Mauern und Straßen wegdrücken.

Reibungskräfte: Wasser, Wind und Eis schmirgeln die Steine.
Wenn ein Stein hoch oben im Gebirge in einen Bach fällt, ist er scharfkantig und eckig. Im Wasser stößt er mit anderen Steinen zusammen. Schnell sind die scharfen Kanten abgestoßen. Wenn er unten im Tal ankommt, ist aus ihm ein runder Kieselstein geworden. Auf dem Weg zum Meer schmirgelt das Wasser weiter, es nimmt dabei den Sand zur Hilfe. Oft werden Steine auf dem Weg zum Meer ganz zerschmirgelt.

Frostsprengung: Wenn ein Wassertropfen zu Eis gefriert, wird er größer, er dehnt sich aus. Nehmen wir an, ein Regentropfen fließt in einen winzigen Spalt im Felsen. In der Nacht wird es eiskalt, der Regentropfen gefriert und dehnt sich dabei aus. Der Spalt im Felsen wird auseinander gedrückt und vergrößert sich. Wenn es taut, fließt der Regentropfen ein Stück weiter in den Spalt hinein. Neue Regentropfen kommen nach. Wenn es oft friert und taut, ist der Felsen bald entzwei.

Temperaturschwankungen: Wenn ein Stein warm wird, dehnt er sich aus. Nehmen wir an, die Sonne scheint auf einen dicken Felsen. Die sonnige Seite des Felsens wird heiß und dehnt sich aus. Die Rückseite des Felsens ist eiskalt und dehnt sich nicht aus. Viele Felsen bekommen dadurch feine Risse. Noch extremer wirkt Feuer. Manche Steine platzen mit einem Schlag auseinander, wenn man sie an ein Lagerfeuer legt.

Verwitterung durch Lösung

Lösung durch Wasser: Ein Stück Würfelzucker löst sich in Wasser auf. Lösen sich auch Steine in Wasser auf? Wasser kann Mineralien aus Steinen herauslösen. Manche Steine wie Kalk oder Gipssteine lösen sich im Laufe der Zeit sogar ganz in Wasser auf.

Lösung durch Säuren: Regenwasser sieht aus wie normales Wasser, aber es ist sauer, das heißt, im Wasser sind Säuren gelöst. Saures Wasser kann fast alle Steine auflösen. Es dauert jedoch lange. **Bodenlebewesen** wie Bakterien, Algen, Flechten oder **Pflanzenwurzeln** produzieren Säuren und lösen damit Nährstoffe aus den Gesteinen im Boden.

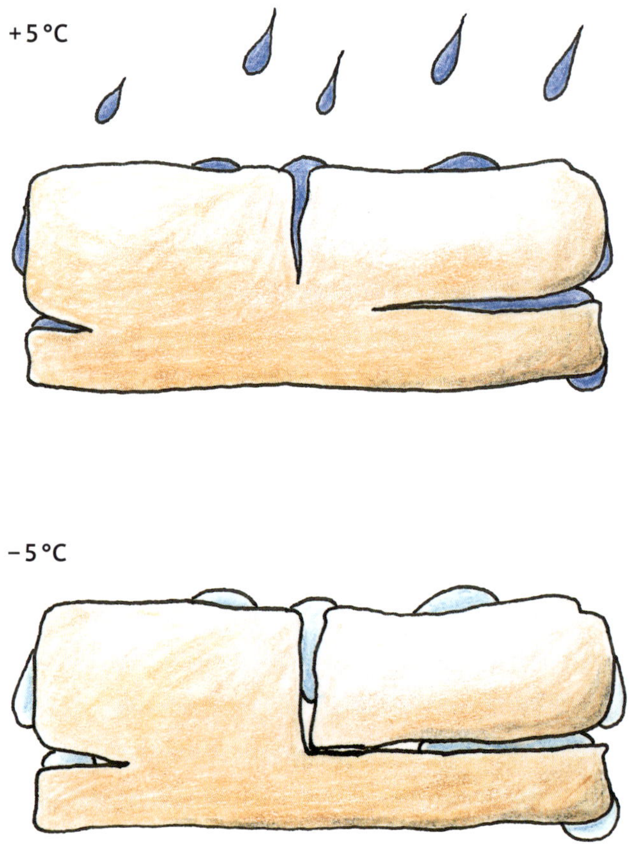

Abbildung 40
Frostsprengung

2 Bodenprofil

Viele verwitterte Gesteinsteilchen sind noch kein richtiger Boden. Sehen wir uns einen richtigen Boden näher an. Wir graben mit dem Spaten ein Loch in die Erde. Zuerst ist der Boden dunkel, mit ein bisschen Glück erwischen wir einen Regenwurm. Weiter unten wird der Boden heller und ganz tief unten stoßen wir irgendwann auf das Gestein, aus dem der Boden entstanden ist. Je länger der Boden Zeit hatte, sich zu entwickeln, desto tiefer müssen wir graben. Bei einem alten Boden brauchen wir einen Bagger, bei einem jungen Boden reicht ein Kaffeelöffel zum Graben.

Wenn man irgendwo Boden wegbaggert (z. B. eine Baugrube ausbaggert), muss man den dunklen Mutterboden vom Unterboden getrennt ausbaggern und lagern. Der Mutterboden ist wertvoll, weil in ihm die Pflanzen gut wachsen. Beim Auffüllen der Grube wird zuerst der Unterboden angefüllt, dann wird der Mutterboden wieder oben aufgeschüttet.

A-Horizont, Oberboden, Mutterboden
dunkel, locker, viel Humus, organische Abfälle, viele Bodentiere, viele Wurzeln

B-Horizont, Unterboden
heller, dichter, weniger Humus, weniger Bodentiere, weniger Wurzeln

C-Horizont, Untergrund
Ausgangsgestein, Farbe des ehemaligen Gesteins, kein Humus, keine Tiere, keine Wurzeln

Abbildung 41
Bodenprofil

3 Bodenarten

Die mineralischen Teilchen im Boden haben verschiedene **Korngrößen**. Steine und Kies können wir ohne Mühe sehen. Beim Sand müssen wir schon genauer hinsehen, für kleine Sandkörner braucht man gute Augen. Schluff- und Tonteilchen sind sehr klein. Man kann sie nicht mit bloßem Auge erkennen.

Die Bodenarten werden nach dem Anteil an Korngrößen eingeteilt. Ein Sandboden besteht zum Beispiel hauptsächlich aus Sandkörnern. Natürlich gibt es in unseren Böden alle möglichen Mischungen von Teilchengrößen. Der Gärtner kürzt sie mit Buchstaben ab.
Ein Sandboden, der auch Lehm enthält, heißt lehmiger Sand (lS).
Ein Lehmboden der zusätzlich Sand enthält, heißt sandiger Lehm (sL).
Ein Tonboden, der auch Lehm enthält, heißt lehmiger Ton (lT).

Wie kann ich die verschiedenen Bodenarten bei der Arbeit erkennen?

Sandboden lässt sich **leicht** bearbeiten. Er bleibt nicht am Spaten kleben. Auch die Schuhe braucht man nur abzuklopfen und schon sind sie sauber. Sandböden nennt man deshalb auch leichte Böden.

Schluffböden und Lehmböden sind **mittelschwere** Böden. Sie lassen sich bearbeiten, aber es ist nicht immer leicht. Nach einem starken Regen klebt der Boden an Schuhen und Werkzeugen. Man muss dann mit der Bodenbearbeitung warten, bis es wieder trocken genug ist.

Tonböden sind **schwere** Böden. Bei Nässe lassen sie sich nicht bearbeiten, weil sie zu stark kleben. Bei Trockenheit sind sie zu hart für die Bearbeitung. Nur wenn ein Tonboden genau die richtige Feuchtigkeit hat, kann man ihn bearbeiten.

Die Fingerprobe

Mit der Fingerprobe kann man die Bodenart genauer bestimmen. Man braucht dazu **Finger, Ohren, Augen und Zähne**. Und man braucht viel Übung, damit man ein Profi wird.

Wir nehmen ein wenig **feuchten Boden** in die Hand und versuchen, eine **Wurst** daraus zu formen. Sie sollte am Schluss so dünn sein wie ein **Bleistift**. Wenn der Boden zu trocken ist, hilft ein wenig Spucke. Klappt es nicht? Dann haben wir einen Sandboden vor uns. Sandboden lässt sich nicht zu Würstchen rollen. Weiterlesen beim Sandboden.

Klappt es? Dann haben wir einen Lehm- oder Tonboden vor uns. **Lehm- und Tonböden lassen sich zu bleistiftdicken Würstchen rollen**. Weiterlesen beim Lehm- oder Tonboden.

Korngrößen von mineralischen Bodenteilchen		
Steine, Kies	groß, gut sichtbar	über 2 Millimeter groß
Sand (S)	Körner noch sichtbar	63/1000 Millimeter bis 2 Millimeter groß
Schluff (U)	winzige Körner	2/1000 Millimeter bis 63/1000 Millimeter
Ton (T)	winzigste Körner	unter 2/1000 Millimeter klein
Lehm (L)	Mischung aus verschieden großen Körnern	Lehm ist eine Mischung aus einem Drittel Sand, einem Drittel Schluff und einem Drittel Ton.

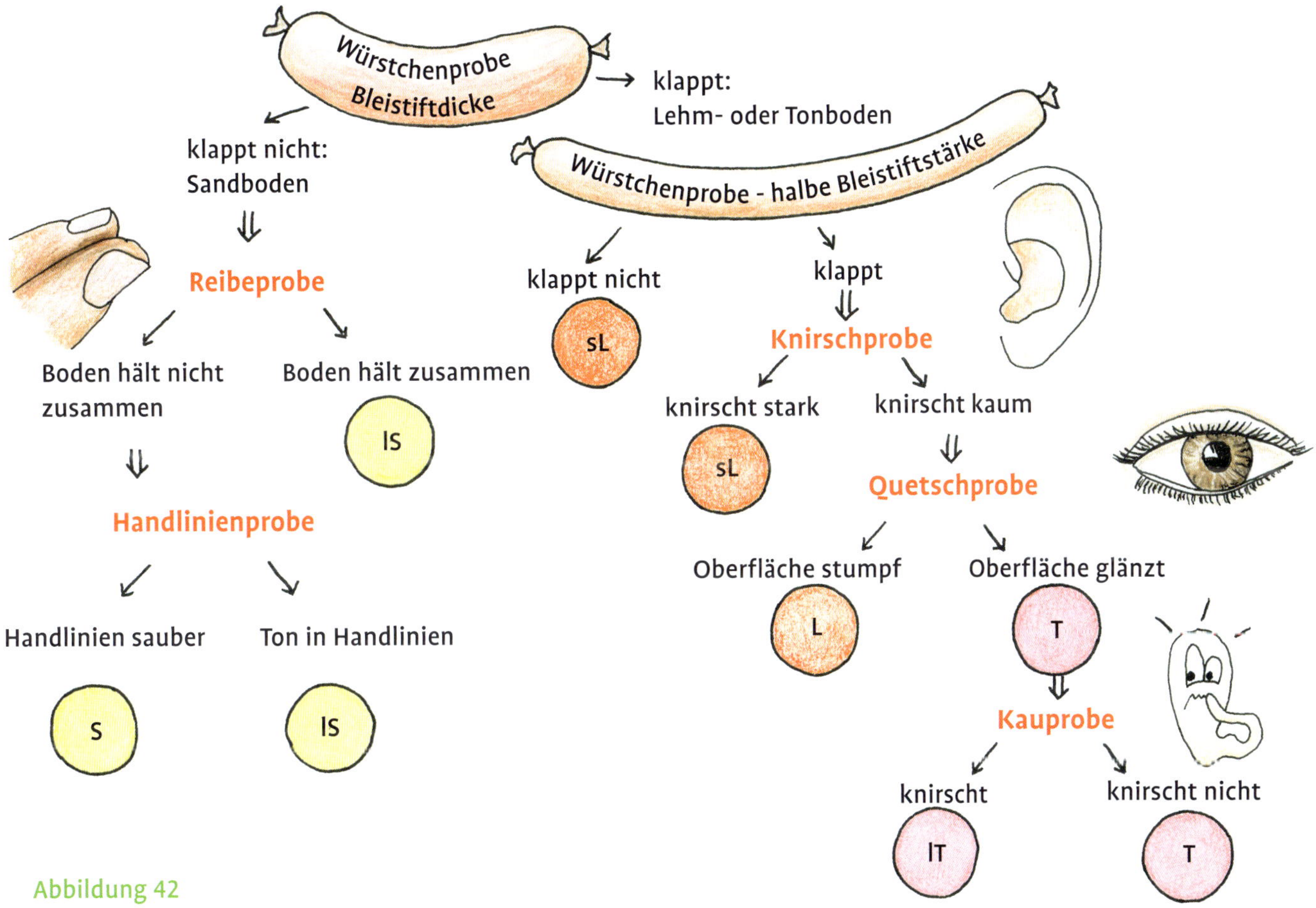

Abbildung 42
Die Fingerprobe

Sandboden

Wir reiben den Boden zwischen Daumen und Zeigefinger.

Hält der Boden zusammen? Dann ist klebriger Lehm im Boden, wir haben lehmigen Sand (lS) vor uns.

Hält er nicht zusammen? Dann machen wir noch eine Probe.

Wir zerreiben den Boden in der Handfläche.

Bleibt toniges Material in den Handlinien kleben? Dann ist trotzdem noch Lehm im Boden. Wir haben lehmigen Sand (lS) vor uns.

Bleiben die Handlinien sauber? Dann haben wir einen Sandboden (S) vor uns.

Lehm- oder Tonboden

Wir machen unsere Wurst dünner, solange bis sie nur noch **halb so dick** ist **wie ein Bleistift**.

Klappt es nicht? Dann ist zu viel Sand im Boden, wir haben einen sandigen Lehmboden (sL) vor uns.

Klappt es? Dann machen wir eine weitere Probe.

Wir **zerquetschen den Boden dicht am Ohr** zwischen Daumen und Zeigefinger.

Knirscht es stark? Dann ist viel Sand im Boden. Wir haben einen sandigen Lehmboden (sL) vor uns.

Knirscht es nicht oder nur ganz schwach? Dann machen wir eine weitere Probe.

Wir quetschen den Boden stark und sehen uns die Oberfläche an.

Ist die Oberfläche stumpf? Dann haben wir einen Lehmboden (L) vor uns.

Glänzt die Oberfläche? Dann haben wir einen Tonboden (T) vor uns und machen gleich noch eine weitere Probe.

Wir nehmen ein bisschen **Erde zwischen die Zähne** und kauen leicht darauf herum.

Knirscht es? Da muss noch irgendwo Sand sein. Wir haben einen lehmigen Tonboden (lT) vor uns.

Knirscht es nicht? Die Zähne gehen durch, wir durch Butter? Dann ist es ein Tonboden (T).

Abbildung 43
Traum eines Gärtners

4 Bodeneigenschaften

Die Eigenschaften eines Bodens entscheiden darüber, wie gut unsere Pflanzen wachsen. Welche Bodeneigenschaften sind für einen Gärtner wichtig?

4.1 Bodenwasser

Wasser **verdunstet**. Es entstehen **Wolken**. Aus den Wolken fällt **Niederschlag**.

Auf einem Tulpenbeet sind ein paar Regentropfen gelandet. Ein paar davon verdunsten. Andere fließen in einen Bach. Wasser in Bächen und Seen nennt man **Oberflächenwasser**. Viele Tropfen versickern im Boden. Sie versickern unterschiedlich schnell, denn im Boden gibt es verschieden große **Poren**.

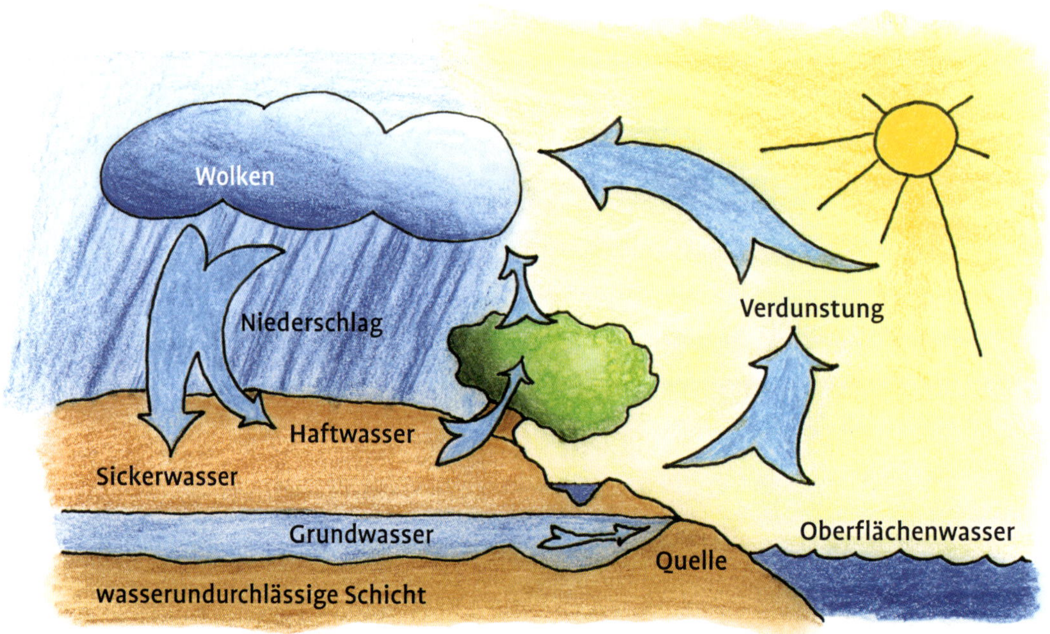

Abbildung 44
Der Wasserkreislauf

Grobporen sind große Zwischenräume zwischen den Bodenteilchen, durch die das Wasser schnell nach unten ins **Grundwasser** sickern kann. Schnell versickerndes Wasser nennt man **Sickerwasser**. Nach dem Regen füllen sich die Grobporen mit Luft.

Mittelporen sind mittelgroße Zwischenräume zwischen den Bodenteilchen. Das Wasser sickert kaum und bleibt auch lange nach einem Regen in den Poren haften. Deshalb nennt man es **Haftwasser**. Wenn es lange trocken bleibt, saugen die Pflanzenwurzeln das Haftwasser aus dem Boden. Auch die Mittelporen füllen sich dann allmählich mit Luft.

In den sehr kleinen **Feinporen** klebt das Wasser so fest, dass die Pflanzenwurzeln es nicht heraussaugen können. Die Pflanzen vertrocknen, obwohl noch Wasser im Boden ist. Man nennt das Wasser in den Feinporen deshalb **Totwasser**.

Im **Sandboden** sind die Teilchen groß. Dazwischen gibt es viele **Grobporen**, deshalb versickert das Wasser schnell. Der Sandboden kann nicht viel Wasser halten, da er wenig Mittel- und Feinporen hat.

In einem **Tonboden** sind die Teilchen winzig. Es gibt viele **Feinporen**. Ein Tonboden kann viel Wasser halten. Einen Teil des Wassers kann die Pflanze jedoch nicht nutzen, weil es Totwasser ist. Wasser versickert im Tonboden schlecht, weil die Grobporen fehlen.

Im **Lehmboden** ist die Teilchengröße gemischt. Es gibt **alle Poren durcheinander**. Lehmboden kann viel Wasser halten, überschüssiges Wasser kann gut versickern, natürlich gibt es auch etwas Totwasser.

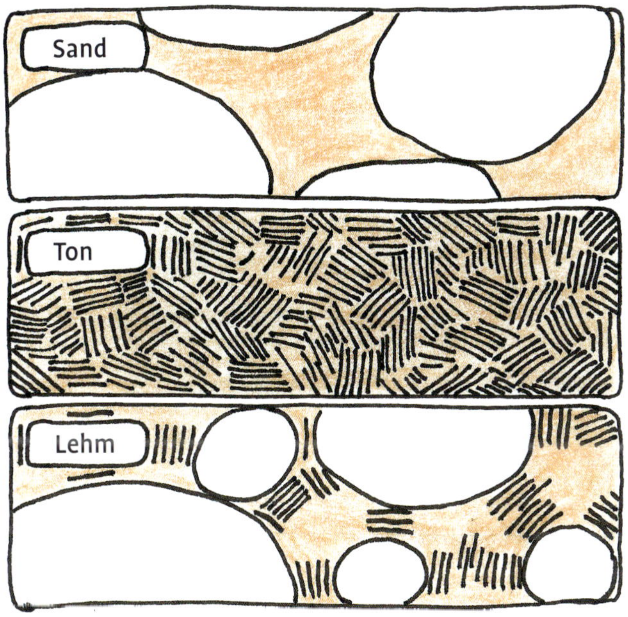

Abbildung 45
Teilchengröße und Porenverteilung

4.2 Bodenluft

Alle Lebewesen müssen atmen. Pflanzenwurzeln und Bodenlebewesen brauchen **Sauerstoff zum Atmen**. Bei Luftmangel sterben sie ab.

Mit Luft gefüllte **Grobporen** sind wichtig für den **Luftaustausch** im Boden. Ohne Grobporen im Boden verkümmern die meisten Kulturpflanzen. Ausnahmen sind Wasserpflanzen, Sumpfpflanzen oder Uferrandpflanzen. Sie holen sich den Sauerstoff für ihre Wurzeln anders.

Auf schweren Böden findet man häufig **Staunässe**. Das Wasser kann in den Feinporen nicht richtig versickern und bleibt im Boden stehen. Das vertragen auf Dauer nur wenige Pflanzen.

4.3 Nährstoffgehalt

Die Pflanzenwurzel saugt zusammen mit dem Wasser bestimmte Mineralien aus dem Boden. Diese Mineralien braucht die Pflanze zum Wachsen, es sind die Pflanzennährstoffe.

Die Bodenarten unterscheiden sich im Nährstoffgehalt.
Sandböden sind **nährstoffarm**.
Lehm- und Schluffböden sind **nährstoffreich**.
Tonböden sind **sehr nährstoffreich**.

Warum ist das so?

Sehen wir in einen Sandboden hinein:
Sandkörner sind sehr hart, haben eine glatte Oberfläche und verwittern nur langsam. Es werden also kaum Nährstoffe aus dem Sand freigesetzt. Pflanzennährstoffe halten sich gerne an der Oberfläche von Bodenteilchen fest. Die Oberfläche eines Sandkorns ist im Vergleich zur Oberfläche tausender Tonteilchen klein. Außerdem sickert Regenwasser durch einen Sandboden schnell hindurch und spült die Nährstoffe mit nach unten.

Sehen wir in einen Tonboden hinein:
Tonteilchen verwittern leicht. Es werden laufend Mineralien freigesetzt. Außerdem haben sie eine riesige Oberfläche, sodass die Pflanzennährstoffe sich überall festhalten können. Das Sickerwasser fließt nur sehr langsam. Es sammelt sich in Regenwurmgängen oder Rissen, spült also nicht durch alle Tonteilchen hindurch. Die Pflanzennährstoffe werden kaum ausgespült.

Oberfläche eines Sandkorns

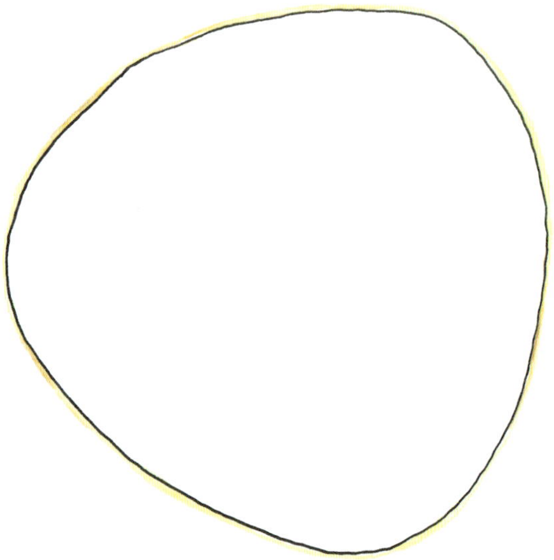

Oberfläche von Tonteilchen

Abbildung 46
Unterschiedliche Bodenarten

4.4 Vergleich der Bodenarten

Ein Boden ist fruchtbar, wenn die Kulturpflanzen der Menschen besonders gut darauf wachsen (Kartoffeln, Weizen, Gemüse, Obst).

Eigenschaften der Bodenarten			
	Sand	**Lehm**	**Ton**
Korngröße	0,063 mm – 2 mm	1/3 Sand 1/3 Schluff 1/3 Ton	kleiner als 0,002 mm
Fingerprobe	lässt sich nicht zu Würstchen formen	lässt sich zu Würstchen formen, bekommt beim Quetschen eine stumpfe Oberfläche	lässt sich zu Würstchen formen, bekommt beim Quetschen eine glänzende Oberfläche
Bearbeitbarkeit	leicht zu bearbeiten	mittelschwer zu bearbeiten, verschlämmt bei Nässe leicht	schwer zu bearbeiten
Bodenwasser	Wasser versickert gut, bei Trockenheit zu wenig Wasser	gute Wasserversorgung der Pflanzen	oft Staunässe, bei Trockenheit viel Wasser, viel Totwasser
Bodenluft	sehr gute Durchlüftung durch viele Grobporen	bei guter Gare ausreichende Durchlüftung	sehr schlechte Durchlüftung, da Grobporen fehlen
Nährstoffgehalt	nährstoffarm	nährstoffreich	sehr nährstoffreich
Fruchtbarkeit	gering, da oft Nährstoffe und Wasser fehlen	hoch	gering, weil zu wenig Luft im Boden ist

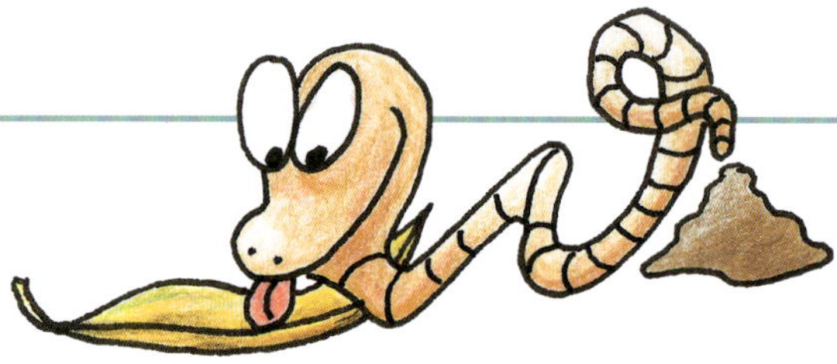

4.5 Bodenlebewesen

In einer Hand voll fruchtbarem Boden gibt es mehr Bodenlebewesen als Menschen auf der ganzen Erde. Viele Bodenlebewesen übernehmen eine wichtige Aufgabe in der Natur. Sie fressen **Abfälle** und machen daraus **Dünger**.

Sie fressen zum Beispiel alte Blätter oder tote Tiere. Sie zerkleinern und verdauen sie, sodass die Pflanzennährstoffe wieder frei werden. Die Pflanze kann die Nährstoffe dann wieder aufnehmen.

Bodentiere

Die meisten Bodentiere fressen totes organisches Material. Sie verdauen es und scheiden es zerkleinert und mit Erde vermischt wieder aus. Dabei **durchwühlen** sie den Boden und machen ihn **locker** und **fruchtbar**. So helfen sie dem Gärtner. Es gibt natürlich auch Bodentiere, die andere kleine Tiere fressen und sogar solche, die uns Gärtner ärgern, weil sie die Pflanzenwurzeln anknabbern.

Regenwürmer sind die Helfer des Gärtners. Sie ziehen alte Blätter und anderes totes organisches Material in ihre Gänge. Dort fallen Bakterien über das Material her und zersetzen es. Nach einigen Tagen können die Regenwürmer das halb zersetzte Material samt den Bakterien fressen. Dabei fressen sie auch mineralische Teilchen mit, sodass sich mineralische und organische Substanz im Darm gut vermischen und stabile Krümel entstehen. Diese Krümel nennt man Ton-Humus-Komplexe. Ihren Kot setzen die Regenwürmer in kleinen Häufchen auf der Erdoberfläche oder an den Wänden der Wurmgänge ab. Man kann ihn leicht finden. Wurmkot ist sehr fruchtbar und verbessert jeden Boden.
In den Wurmgängen kann gut Wasser abfließen oder Luft zirkulieren. Oft wachsen die Wurzeln darin ent-

Abbildung 47
Bodentiere

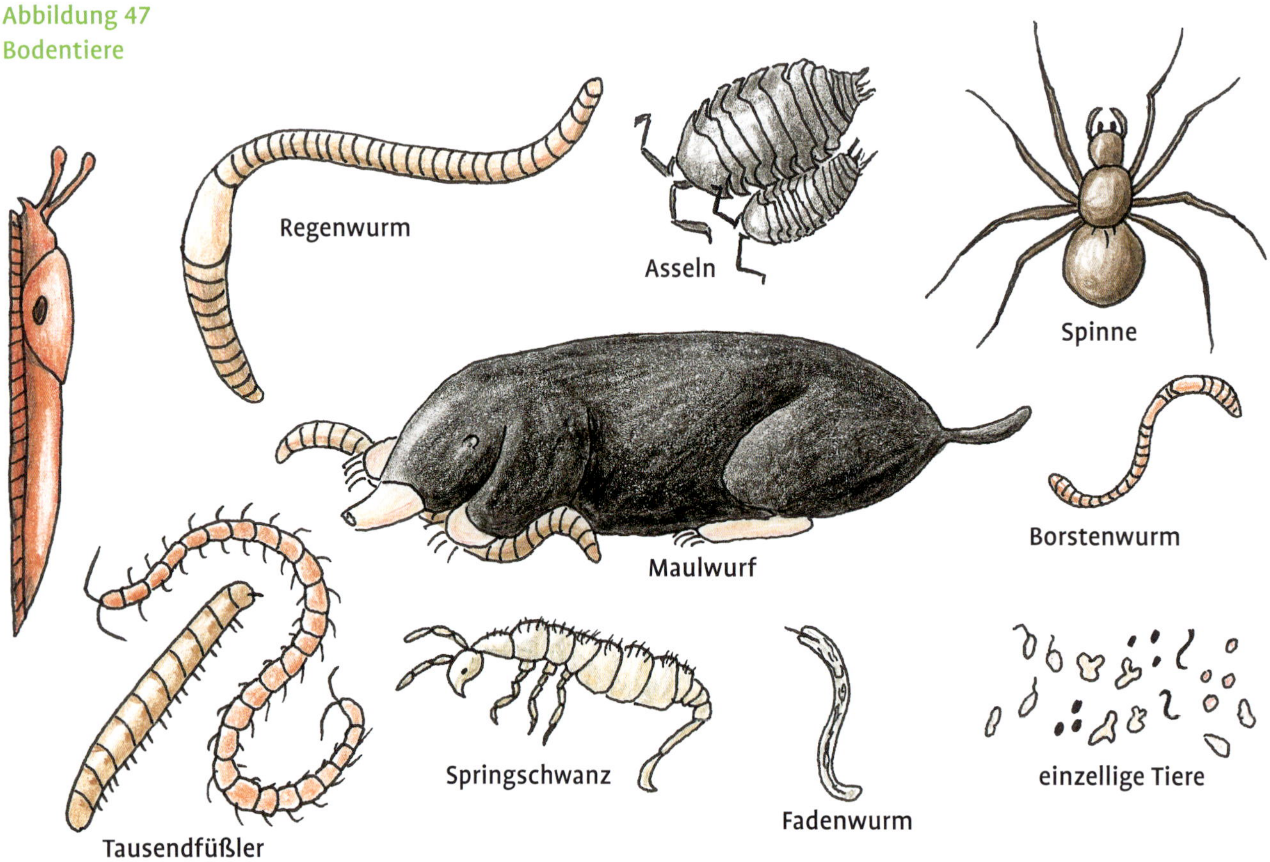

lang. Bei starkem Regen sind die Wurmgänge überschwemmt. Dann gehen die Regenwürmer gerne oberirdisch spazieren, denn das ist ihr Lieblingswetter. Die Gefahr, dass sie in ihren Gängen ertrinken, ist gering, denn sie können Sauerstoff durch die Haut aufnehmen.

Maulwürfe fressen kleine Tiere. Manchmal legen sie Vorratskammern für schlechte Zeiten an. Sie beißen den gefangenen Tieren die Beine ab und legen sie lebendig in die Vorratskammer, damit sie sich besser frisch halten. Maulwürfe fressen viele schädliche Bodentiere, wie Engerlinge und Schnecken. Aber natürlich mögen sie auch Regenwürmer. Maulwürfe stehen unter Naturschutz und dürfen nicht getötet werden. Man darf sie aber vertreiben oder fangen, wenn sie zu sehr stören. Ein gefangener Maulwurf kann fauchen wie eine böse Katze.

Asseln fressen totes Pflanzenmaterial. Sie nagen vor allen Dingen an abgefallenen Blättern. Oft verstecken sie sich unter Kisten.

Tausendfüßler mit einem Beinpaar pro Ring sind Jäger und fressen andere Tiere. Tausendfüßler mit zwei Beinpaaren pro Ring sind Pflanzenfresser. Sie fressen am liebsten fauliges Holz.

Spinnen sind Jäger. Sie fressen andere Tiere.

Springschwänze nagen an alten toten Blättern, die bereits mit Pilzen, Algen und Bakterien gewürzt sind. Sie werden bis zu 4 mm groß. Bei Gefahr springen sie weg.

Borstenwürmer sind 2 bis 4 Zentimeter lang. Sie jagen Fadenwürmer oder fressen verwesendes orga nisches Material.

Fadenwürmer werden bis zu 1 mm lang. Sie fressen verwesendes organisches Material, Bakterien, Algen und Pilze.

Einzellige Bodentiere bestehen nur aus einer einzigen Zelle. Manche fließen um ihre Nahrung herum und fressen sie so auf.

Bodenflora

Zur Bodenflora gehören Bakterien, Pilze, Algen und Flechten.

Bakterien sind etwa so groß wie große Tonteilchen. In einem Bodenkrümel können Milliarden von Bakterien leben. Am besten gedeihen sie bei Wärme (30 °C), genug Luft und ausreichender Feuchtigkeit. Die meisten Bakterien helfen beim Zerkleinern des organischen Materials. Sie sind oft noch fleißiger als die Regenwürmer.

Viele **Pilze** können Holz zersetzen. So werden im Laufe der Zeit auch dicke Baumstämme wieder zu fruchtbarem Boden umgewandelt. Andere Pilze leben mit Bäumen in einer Lebensgemeinschaft. Sie übernehmen mit ihren Pilzfäden die Funktion der Wurzelhaare. Ohne Pilz würde der Baum nicht optimal wachsen.

Algen sind die ersten, wenn es darum geht, bei der Bodenentstehung zu helfen. Sie können auf blankem Fels wachsen. Dabei scheiden sie Säuren aus und verwittern so die Gesteinsoberfläche. Das klappt auch auf einer Glasscheibe. Das Glas bekommt durch die Algen im Laufe der Zeit eine raue Oberfläche.

Flechten wachsen nicht nur auf Steinen, sondern zum Teil sogar in Steine hinein. So zerbröseln sie die Steine im Laufe der Zeit und helfen bei der Bildung von Boden.

4.6 Humusgehalt

Je mehr Humus in einem Boden ist, desto fruchtbarer ist er.
Humus, das sind alle **abgestorbenen Pflanzen- und Tierreste**, die von den Bodenlebewesen schon angeknabbert oder gefressen wurden. Lebendige Tiere und Pflanzen sind kein Humus. Ein frisch herabgefallenes Blatt ist auch noch kein Humus, aber es wird bald zu Humus.

Im Bodenprofil kann man erkennen, dass der Humus hauptsächlich im Oberboden vorkommt. Je dicker die dunkle Mutterbodenschicht ist, desto fruchtbarer ist ein Boden.

Humus ist **nährstoffreich**. Außerdem verklebt er die Bodenteilchen zu Krümeln (Ton-Humus-Komplexe). Humus kann gut **Wasser halten** und bildet viele **Grobporen**, durch die die Luft gut hindurchziehen kann. Er macht alle Bodenarten fruchtbarer. In leichten Böden verbessert Humus die Wasserhaltekraft und den Nährstoffgehalt. In schweren Böden wird der Luftaustausch besser und überschüssiges Wasser kann besser versickern. Der Boden verschlämmt nicht so leicht.

4.7 pH-Wert

Der pH-Wert zeigt an, wie sauer oder alkalisch ein Boden ist.
pH-Werte reichen normalerweise von 0 bis 14. Die Tabelle zeigt ein paar Beispiele.

Magensaft	pH 1
Zitronensaft	pH 2
Cola und Essig	pH 3
saurer Regen	im Durchschnitt pH 4,1
Bier	pH 5
reines Wasser	pH 7
Blut	pH 7,4
Seife	pH 8–10
Natronlauge	pH 14

In Böden findet man pH-Werte von 3 bis 8.
Je niedriger der pH-Wert ist, desto saurer ist ein Boden.
Je höher der pH-Wert ist, desto alkalischer ist ein Boden.
Bei pH 7 ist der Boden neutral.

Die **meisten Pflanzen** mögen pH-Werte **zwischen 5,5 und 7,5**. Wenn der Boden zu sauer oder zu alkalisch wird, verkümmern sie. Bodenlebewesen fühlen sich bei pH-Werten um 7 am wohlsten.

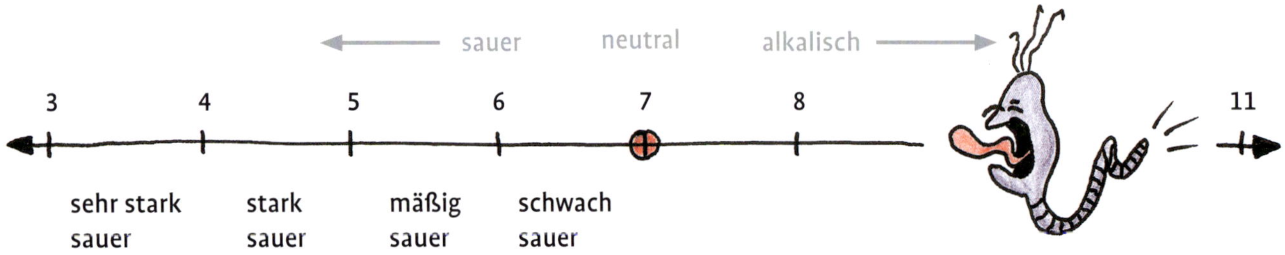

Abbildung 48
pH-Werte im Boden

Moorbeetpflanzen wie Erika, Rhododendron und Azaleen mögen saure Böden mit pH-Werten **zwischen 4 und 5,5**. Auf alkalischen Böden bekommen sie gelbe Blätter und gehen ein.

Man kann den pH-Wert im Boden messen. Es gibt verschiedene Möglichkeiten zur Messung.

Indikatorpapiere sind kleine Papierstreifen. In den Papierstreifen sind Farbstoffe. Diese Farbstoffe (Indikatoren) bekommen je nach pH-Wert eine andere Farbe. Will man den pH-Wert eines Bodens messen, mischt man ein Teil Boden mit zweieinhalb Teilen destilliertem Wasser, schüttelt kräftig und wartet dann, bis der Boden sich im Wasser wieder abgesetzt hat. Dann befeuchtet man das Indikatorpapier mit etwas Bodenlösung. Nach einer Weile ändert das Indikatorpapier seine Farbe. Diese neue Farbe kann man mit einer beigelegten Farbskala vergleichen und den pH-Wert ablesen.

Die Farbstoffe (Indikatoren) gibt es auch flüssig in kleinen Fläschchen oder in Tablettenform.

Am genauesten ist die Messung mit einem elektronischen **pH-Meter**. Dort kann man den pH-Wert ablesen wie auf einem Taschenrechner. Das pH-Meter muss richtig eingestellt und gewartet werden, damit die abgelesenen Werte auch stimmen.

Kann ein Gärtner den pH-Wert des Bodens verändern?

Ja. Ist der Boden zu sauer, kann der Gärtner **kalken**. Nach dem Kalken steigt der pH-Wert an.

Ist der Boden zu alkalisch, der pH-Wert also zu hoch, kann der Gärtner den Boden zum Beispiel mit **Torf** mischen. Torf ist sauer (pH 3–4) und senkt den pH-Wert des Bodens.

Abbildung 49
Indikatorpapier, flüssiger Indikator, Messgerät

4.8 Bodenstruktur und Bodengare

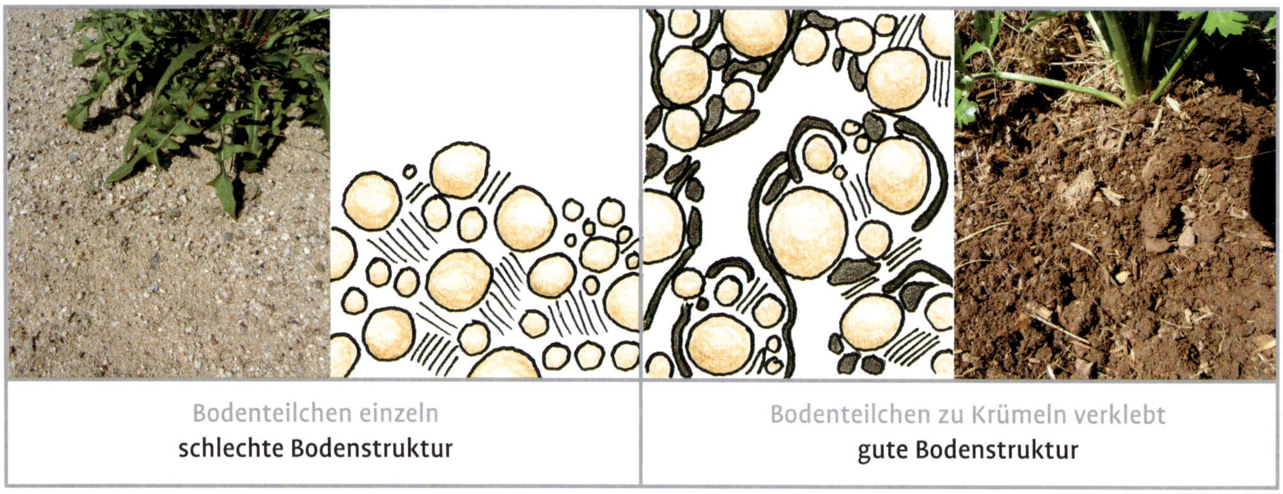

Abbildung 50
Bodenstruktur

In einem Sandkasten liegen die Sandkörner alle einzeln herum. Das nennt man **Einzelkorngefüge**.

In einem guten Gartenboden finden wir im Schatten unter Blättern viele kleine Erdkrümel. Die Sand-, Schluff-, und Tonteilchen sind hier mit organischer Substanz zu stabilen Krümeln verklebt. Das nennt man **Krümelgefüge**. Böden mit Krümelgefüge haben eine gute Bodenstruktur. Böden werden durch eine **gute Struktur fruchtbarer**, denn Luft- und Wasserhaushalt sind entschieden besser. Bei der Bodenbearbeitung sollte man die Bodenstruktur nicht zerstören.

Was zerstört die Bodenkrümel?

Ein schwerer Schlepper auf nassem Boden macht totalen Matsch aus den Krümeln. Jede **Bodenbearbeitung** auf zu nassem Boden ist gefährlich für die Bodenstruktur. Zu heftiges Fräsen zerschlägt die Krümel. Heftiges **Gießen** oder starker Regen zerstören die Krümel, sie fließen auseinander. Der Boden verschlämmt. Krümel zerfallen auch, wenn der Boden im Sommer lange Zeit **ungeschützt** der Sonne, dem Wind und dem Regen ausgesetzt ist.

Abbildung 51
Verschlämmter Boden

Abbildung 52
Bodenkrümel unterm Blätterdach

Bodengare

Eine gute Gare hat ein Boden dann, wenn er in einem **optimalen Zustand für das Pflanzenwachstum** ist. Er hat ein **stabiles Krümelgefüge**. **Viele Bodenlebewesen** fressen und durchwühlen den Boden. Die **Luft** kann gut zirkulieren und der Boden kann viel **Wasser** halten. Garer Boden ist **dunkel** und **krümelig** und **riecht gut**.

Ein Gärtner kann verschiedene Garearten schaffen:

- **Frostgare:** Schwere und mittelschwere Böden **pflügt** man **im Herbst** oder man **gräbt** sie **um**. Im Winter gefriert das Wasser in den Schollen, dehnt sich dabei aus und zersprengt sie in viele kleine Krümel. Im Frühling ist der Boden feinkrümelig und locker. Diese Krümel sind jedoch nicht besonders stabil. Sie zerfließen beim ersten starken Regen, wenn nicht genug Kalk und Humus im Boden ist.
- **Bearbeitungsgare:** Sind die Krümel zerstört, greift der Gärtner zu Hacke, Fräse oder Egge. Der Boden wird durch die **Bearbeitung** gekrümelt. Auch diese Krümel bleiben nur mit genügend Kalk und Humus stabil.
- **Schattengare:** Bodenlebewesen fühlen sich in feuchtem, warmem Boden unter Pflanzen oder unter Mulch am wohlsten. Sie verkleben mineralische und organische Bodenteilchen mit Kalk in ihrem Darm zu stabilen Krümeln (Ton-Humus-Komplexe). Im Schutz von **Mulch** oder **Pflanzen** können diese Krümel vom Regen nicht so leicht zerschlagen werden. Schattengare ist eine sehr stabile Form der Gare. Der Gärtner kann sie fördern, indem er seinen Boden ausreichend mit Humus versorgt und ihn mit Pflanzen oder Mulch bedeckt hält.

5 Erhaltung und Verbesserung der Bodenfruchtbarkeit

Eine hohe Bodenfruchtbarkeit bedeutet gutes Wachstum der Kulturpflanzen. Sie ist also sehr im Interesse des Gärtners.

Schutz vor Erosion

Erosion ist der Verlust von Boden durch **Wasser** oder **Wind**. Zur Zeit geht auf unseren Ackerflächen mehr Boden durch Erosion verloren als neu gebildet wird. Die Bodenschicht wird immer dünner.

Wie kann man Erosion verhindern?

- Pflanzen sind der beste Schutz vor Erosion. Die Pflanzenwurzeln halten den Boden fest. Die **Schattengare** unter den Pflanzen ist stabil gegen Wind- und Wassererosion. Eine **Mulchschicht** wirkt ähnlich.
- **Pflügen** und Fräsen sollte man möglichst **quer zum Hang**. Dann kann das Wasser nicht so schnell abfließen und den Boden mitreißen.
- Gegen Winderosion helfen **Hecken** quer zur Hauptwindrichtung.

Abbildung 53
Staubsturm

Abbildung 54
Erosionsrillen

Schutz vor Verdichtung

Wenn man mit **schweren Maschinen** auf **nassen Boden** fährt, verdichtet man ihn, man presst die Bodenteilchen so stark aneinander, dass der Boden später nicht mehr hochfedern kann. Verdichtungen an der Bodenoberfläche werden durch die Bodenlebewesen wieder gelockert. Tief unten im Boden bleiben sie aber lange erhalten. Verdichtungen erkennt man manchmal, weil dort Pfützen auf dem Acker stehen bleiben und der Boden verschlämmt. Die Pflanzen bleiben klein, weil sie mit ihren Wurzeln nicht in den dichten Boden wachsen können. Auf verdichteten Böden ist die Erosion stärker.

Was kann man gegen Verdichtung tun?

- Nicht mit schweren Maschinen auf nassen Boden fahren,
- breite Reifen, Doppelbereifung oder Gitterreifen vermindern den Bodendruck,
- Beete möglichst nicht befahren, immer nur auf den Wegen zwischen den Beeten fahren,
- Boden tief lockern und Verdichtungen aufreißen.

Förderung und Erhaltung der Bodengare

- Organischen Dünger zuführen, damit die Bodenlebewesen genug zum Fressen haben,
- für den richtigen pH-Wert sorgen, Kalk ist wichtig für die Krümelbildung,
- zu nassen Boden nicht bearbeiten,
- nicht auf nassen Boden fahren,
- nicht zu heftig gießen,
- für Schattengare, Frostgare oder Bearbeitungsgare sorgen.

Vermeiden von Bodenmüdigkeit

Bodenmüdigkeit kann entstehen, wenn immer nur eine Pflanzenart auf einem Beet angebaut wird, zum Beispiel immer nur Gurken oder immer nur Rosen. Diese eine Pflanzenart wächst dann jedes Jahr schlechter. Der Boden ist müde. Damit das nicht passiert, kommt jedes Jahr eine andere Pflanzenart aufs Beet. Das nennt man **Fruchtfolge**.

Dränung bei Staunässe

An staunassen Stellen wachsen nur wenige Pflanzen gut. Will man andere Pflanzen anbauen, kann man solche Stellen entwässern. Dazu verlegt man **Dränrohre** im Boden. Sie haben kleine Schlitze, durch die das Wasser ins Rohr fließen kann. Das Rohr muss mit Gefälle verlegt werden und schließlich an einer Stelle enden, wo das Wasser frei herausfließen kann. Man sollte in einer Landschaft jedoch nicht alle sumpfigen Stellen trocken legen, denn sumpfige Stellen sind Lebensräume von selten gewordenen Tieren und Pflanzen.

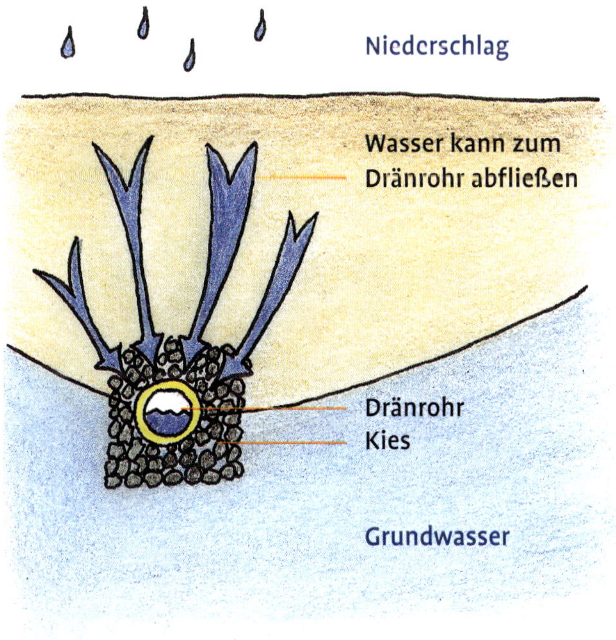

Abbildung 55
Dränage im Boden

D Erden

Als die Gärtner zum ersten Mal Pflanzen in Töpfen kultivierten, merkten sie schnell, dass normaler Boden sich nicht als Topferde eignet. Sie mischten spezielle Erden für ihre Topfpflanzen. Die Rezepte wurden in jeder Gärtnerei streng gehütet, die Hauptzutaten waren jedoch überall gleich: **Kompost, Laubkompost, Mistkompost, Nadelkompost, Sodenkompost, Boden, Ton, Lehm, Sand, Torf, Asche, Kalk** und was sonst noch Brauchbares im Umkreis der Gärtnerei zu finden war. Solche selbst gemischten Erden gibt es auch heute noch. Man nennt sie **Praxiserden**.

Warum füllt ein Gärtner keinen normalen Boden in den Topf?

Im Topf ist nur wenig Platz für die Wurzeln. Damit eine Pflanze trotzdem gut wachsen kann, muss eine Topferde sehr gute Eigenschaften haben. Normaler Boden kann diese Ansprüche kaum erfüllen.

Eine **gute Topferde** muss:

- viel **Wasser** speichern,
- die Pflanze optimal mit **Nährstoffen** versorgen,
- ausreichend Grobporen für einen optimalen **Luftaustausch** haben,
- eine gute und stabile **Bodenstruktur** haben, die auch heftiges Gießen aushält,
- **leicht** sein, damit der Gärtner nicht so schwer heben muss,
- einen auf die Ansprüche der jeweiligen Pflanzenart abgestimmten **pH-Wert** haben,
- **frei** von Krankheiten und Schädlingen sein,
- keine lebenden Unkrautsamen und Unkrautwurzeln enthalten.

Eine **wichtige Zutat**, die man zum Erde mischen braucht, ist **Humus**. Humus kann **Wasser speichern**, **bildet Grobporen**, hat eine **gute Struktur**, **viele Nährstoffe** und ist **leichter als Boden**. Humus kann man aus organischen Abfällen selbst herstellen. In einem Komposthaufen entsteht zum Beispiel gut riechende, krümelige **Komposterde**. Komposterde ist sehr humusreich.

Abbildung 56
Das darf auf den Kompost

1 Kompostierung

Die **richtigen Zutaten** sind wichtig. Auf den Kompost gehört nur Material, aus dem Komposterde entstehen kann, also organisches Material, Erde und Substratreste, Gesteinsmehl, Kalk, Wasser und so weiter. **Organisches Material** sind alle Tier- und Pflanzenreste, auch Mist und Torf gehören dazu.

Nicht auf einen Kompost gehören Glasscherben, alte Gummistiefel, Plastiktöpfe, Etiketten, Bindedraht, Fäkalien und ähnliches. Vorsicht: Unkrautsamen, Wurzelunkräuter und Pflanzenkrankheiten sollte man nur auf den Komposthaufen werfen, wenn man den Kompost vor der Verwendung so stark erhitzt, dass sie absterben.

Eine **gute Mischung** der Zutaten ist wichtig. Im Kompost leben Bodenlebewesen. Sie fressen die Abfälle und verarbeiten sie zu fruchtbarer Erde, genau wie im Boden. Wenn wir beim Mischen den Geschmack der Bodenlebewesen treffen, fressen sie mehr und vermehren sich schneller.

Ein Kompost nur aus Ästen verrottet nicht gut. Er trocknet aus und die Nährstoffzusammensetzung ist zu einseitig. **Holziges Material** hat einen **hohen Kohlenstoffgehalt**, die Bodenlebewesen wollen aber nicht nur Kohlenstoff fressen. Ein Gärtner will auch nicht immer nur trockene Brötchen essen, er schmiert Butter drauf und Wurst, Käse oder Marmelade. Wenn man die Äste schreddert (zerkleinert) und mit Rasenschnitt, Unkraut, Mist, ein wenig Erde und Kalk vermischt, stürzen sich die Bodenlebewesen begeistert darauf. Man bekommt schnell gute Komposterde.

Rasenschnitt allein verrottet schlecht. Er klebt so dicht zusammen, dass kaum Luft hinein kann. Der Haufen fängt innen an zu faulen und zu stinken. **Rasenschnitt** hat einen **hohen Stickstoffgehalt**. Die Bodenlebewesen wollen aber nicht nur Stickstoff fressen. Wenn man den Rasenschnitt mit grobem holzigem Material und etwas Erde mischt, kommt genug Luft und Kohlenstoff in den Haufen. Die Bodenlebewesen haben dann günstige Lebensbedingungen. Die richtige **Mischung von Kohlenstoff (C) und Stickstoff (N)** ist wichtig. Man spricht vom richtigen **C : N-Verhältnis**.

Zerkleinern und Aufsetzen ist wichtig. Ein wilder Haufen aus organischen Abfällen ist als Sammelplatz für Kompost in Ordnung. Eine gute Rotte kommt jedoch erst zustande, wenn man die Materialien grob zerkleinert, mischt und zu **Kompostmieten** aufsetzt. Dabei kann man je nach Bedarf **Kalk, Stickstoffdünger, Gesteinsmehl, Erde, Wasser** oder andere Dinge zugeben. Je wohler sich die Bodenlebewesen in der Miete fühlen, desto schneller verwandeln sie die Abfälle in krümelige Komposterde.

Material mit viel Kohlenstoff	Material mit viel Stickstoff
Rinde	Küchenabfälle
Sägemehl	Laub
Holzschnitt	Rasenschnitt
Stroh	Mist
	Gejätetes Unkraut

Wann fühlen sich die Bodenlebewesen wohl?
Sie brauchen:

- genug Sauerstoff zum Atmen → in der Miete muss überall Luft hinkommen,
- ausreichend Feuchtigkeit → etwa so wie in einem ausgedrückten Schwamm,
- keine direkte Sonne → schattiger oder halbschattiger Kompostplatz,
- genug Wärme → 25 bis 35 °C sind optimal, im Winter ist Fresspause,
- einen pH-Wert zwischen 5,5 und 7,5 → bei Bedarf Kalk zugeben,
- die richtige Nahrung → organisches Material in guter Mischung.

Das **Umsetzen** der Kompostmiete ist wichtig. Außen verrottet das Material schlechter als innen im Haufen. Deshalb setzt man ihn nach einiger Zeit um. Dabei kommen die unverrotteten Teile von außen nach innen. Wenn der Kompost zu trocken ist, kann man bei dieser Gelegenheit gießen.

Der Kompost ist fertig, wenn sich dunkle, krümelige Erde gebildet hat, die angenehm nach Waldboden riecht. Bei Bedarf kann man den Kompost sieben. Bevor man betriebseigenen Kompost zum Erde Mischen benutzen kann, muss er **gedämpft** werden. Er wird dabei so stark erhitzt, dass alle Krankheitserreger, Unkrautsamen und Wurzelunkräuter absterben. Die Bodenlebewesen sterben dabei auch.

Wie viel Kompost man in eine Praxiserde mischt, richtet sich nach den Ansprüchen der Pflanzenart. Kompost ist sehr **nährstoffreich**. Pflanzen, die viel Nährstoffe brauchen, bekommen viel Kompost in die Erde. Pflanzen, die wenig Nährstoffe brauchen, bekommen wenig oder gar keinen Kompost in die Erde. Man kann den Kompost mit gekauften Substraten, Torf, Sand, Lehm und Düngern mischen, ganz nach Bedarf.

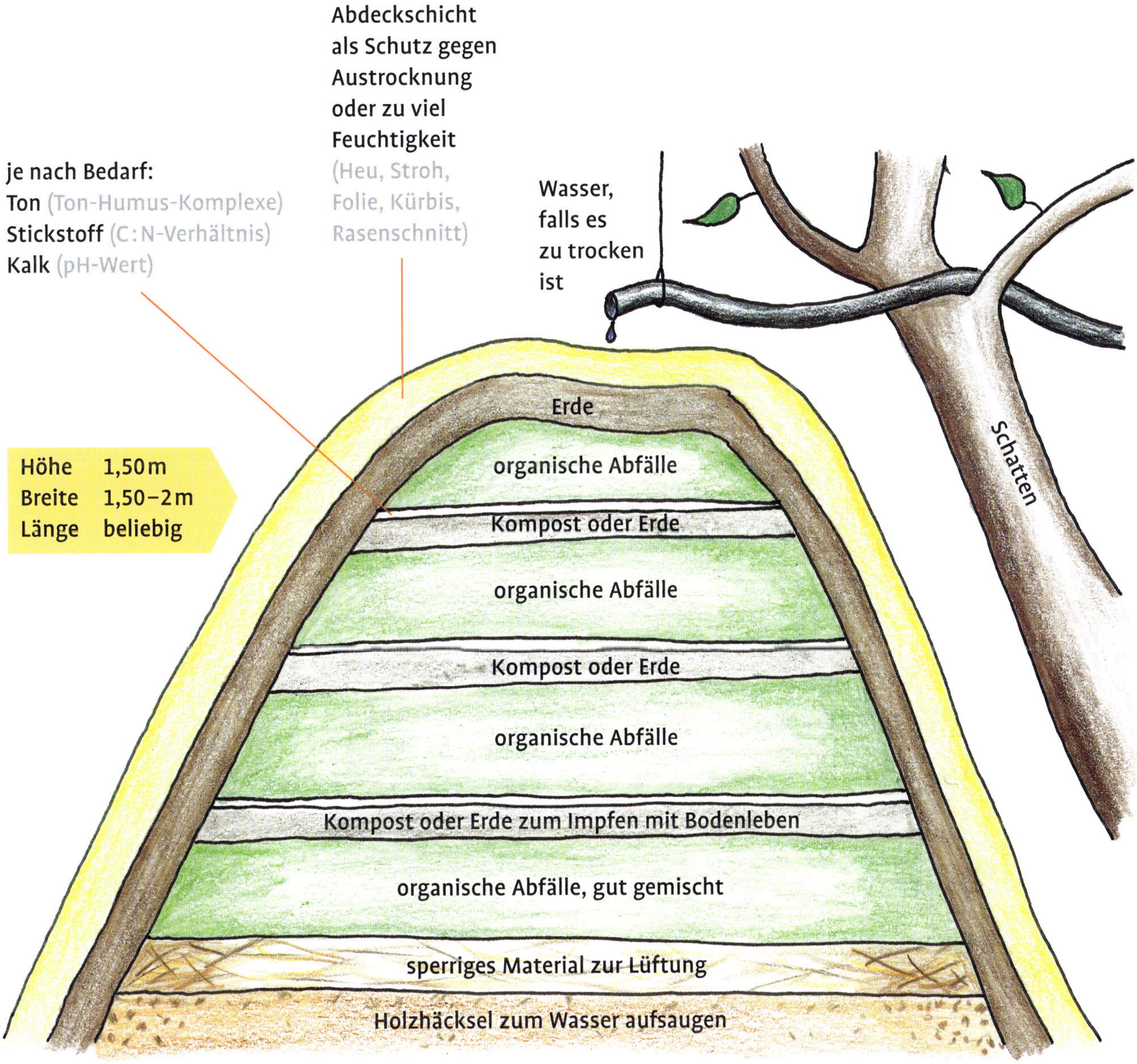

Abbildung 57
Kompostmiete

E Substrate

Nach dem zweiten Weltkrieg entwickelten Wissenschaftler das Torfkultursubstrat **(TKS)** und die Einheitserde **(EE)**. Diese Substrate wurden in Erdenwerken hergestellt und an die Gärtner verkauft. Sie erfüllen auch heute noch perfekt alle Ansprüche, die man an eine gute Topferde stellt. Trotzdem gibt es ein Problem. TKS und EE bestehen hauptsächlich aus **Torf**. Bei der Gewinnung von Torf zerstören die Torfabbauer seltene Hochmoore. Das ist ein Umweltproblem.

In den letzten Jahrzehnten hat man deshalb nach **Torfersatzstoffen** gesucht. Heute stellt man Substrate auch aus Rohstoffen wie **Rinde, Holzfasern, Kokosfasern, Kompost** und anderem her. Fast alle diese Rohstoffe waren vorher Abfall.

Schwarztorf

Weißtorf

Rindenhumus

Rindenmulch

Substratkompost

granulierter Ton

Sand

Perlite

Blähton

Styromull

Abbildung 58
Bestandteile von Substraten

1 Bestandteile von Substraten

1.1 Torf

Torf wird in Hochmooren abgebaut. **Hochmoore** entstehen in feuchten kühlen Gebieten an sumpfigen Stellen. Dort wächst **Torfmoos** (Sphagnum). Das Torfmoos bildet zunächst kleine Polster, die immer weiter in die Höhe wachsen. Ein Hochmoor wächst **pro Jahr etwa einen Millimeter** in die Höhe. Nach tausend Jahren ist die Torfschicht einen Meter dick. Die Hochmoore, in denen heute Torf abgebaut wird, sind etwa 12 000 Jahre alt. Nach dem Abbau werden die Hochmoore teilweise wieder vernässt, aber sie können nicht schnell nachwachsen. Die Torfvorräte auf der Erde sind begrenzt. In Hochmooren leben seltene Pflanzen und Tiere, die es sonst nirgends gibt. Außerdem enthält Torf viel Kohlenstoff. Im Blumentopf wird er allmählich frei und verstärkt den Klimawandel. Aus Umweltschutzgründen ist es wichtig, die Moore zu erhalten. In Deutschland darf man kaum noch Torf abbauen. Er wird deshalb aus dem Baltikum eingeführt.

Torf ist der beste Rohstoff für Substrate, den man bisher kennt. Er besteht fast zu 100 % aus Humus. Die Vorteile von Torf:

- **nährstoffarm** → man kann genau so viel Nährstoffe zufügen, wie gewünscht,
- sehr stark **sauer** (pH 3) → man kann wie gewünscht aufkalken,
- **frei** von Krankheiten, Schädlingen, Unkrautsamen und -wurzeln,
- über lange Zeit **strukturstabil** → Weißtorf ist sehr gießfest, verschlämmt nicht und sackt nicht zusammen,
- **leicht** → Torf ist zehnmal so leicht wie Boden,
- sehr gutes **Nährstoff- und Wasserhaltevermögen**,
- sehr guter **Lufthaushalt** (Weißtorf).

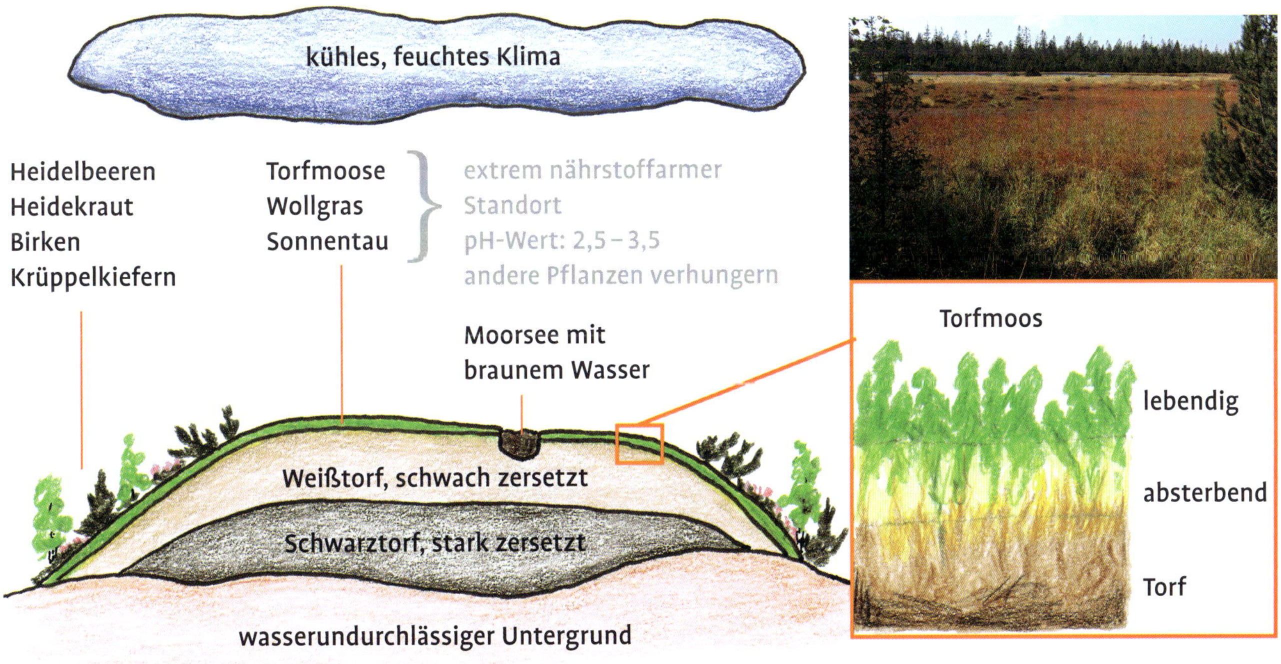

Abbildung 59
Hochmoor

1.2 Rindenhumus

In der Holz- und Papierindustrie werden die Baumstämme vor der Verarbeitung geschält. Auf den Holzlagerplätzen liegen danach riesige Abfallberge aus Baumrinde. Diese Rindenberge werden zu Rindenmulch oder Rindenhumus verarbeitet.

Rindenmulch (RM) ist **zerkleinerte, unbehandelte Baumrinde**. RM enthält wachstumshemmende Stoffe und unterdrückt deshalb besonders gut das Unkrautwachstum.

Rindenhumus (RH) ist **Kompost aus Baumrinde**. Frische Rinde wird zerkleinert, mit Stickstoffdünger vermischt und zu großen Mieten aufgesetzt. Während der Kompostierung werden die wachstumshemmenden Stoffe aus der frischen Rinde abgebaut. Es entsteht schwarzer Rindenhumus. Rindenhumus ist **nährstoffreicher als Torf**. Man muss also nicht so viel düngen. Er ist **strukturstabil** und hat eine hervorragende **Luftführung**. Er kann nicht ganz so viel Wasser speichern, wie Torf. Deshalb mischt man ihn oft mit Torf.

1.3 Kompost

In **Kompostwerken** werden organische Abfälle wie Äste und Mähgut in Schreddern zerkleinert. Das Material wird gut gemischt und zu **Mieten** von bis zu vier Metern Höhe aufgesetzt. Die Mieten erhitzen sich im Inneren bis auf 75 °C, sodass Krankheitserreger und Unkrautsamen abgetötet werden. Umgesetzt wird mit dem Radlader oder dem Trommelbandumsetzer. Der Untergrund ist befestigt, sodass man das Sickerwasser auffangen und wieder damit gießen kann. Die Kompostierung dauert nur wenige Wochen.

Kompost aus Kompostwerken, der zum Erde mischen geeignet ist, heißt **Substratkompost (SK)**. Er wird besonders streng überprüft. Substratkompost wird aus Pflanzen hergestellt, enthält also **viele Pflanzennährstoffe**, vor allen Dingen **alle Spurennährstoffe**. Kompost ist schwerer als Torf. Er kann gut Nährstoffe speichern, aber er kann nicht so viel Wasser speichern wie Torf. Deshalb mischt man ihn gerne mit Torf. SK fördert die Pflanzengesundheit.

Vergleich von Weißtorf, Rindenhumus und Kompost

	Weißtorf	Rindenhumus	Substratkompost
Strukturstabilität	++	+	+
Luftporen, Grobporen	+	+	-
Wasserhaltekraft	+++	++	++
Nährstoffgehalt	-	+	+++
Nährstoffhaltekraft	+	+	++
pH-Wert	3	6	6
Bodenlebewesen	-	+	++
Wiederbenetzbarkeit	--	+	+
Gewicht	+++	-	--

1.4 Mineralische Zuschlagstoffe

Ton ist sehr schwer, trotzdem wird er gern in Substrate gemischt. Ton ist nährstoffreich und kann gut **Nährstoffe speichern**. Substrate mit Ton **trocknen nicht so schnell aus** und lassen sich leichter wieder benetzen, wenn sie einmal trocken geworden sind. Außerdem ist Ton ein hervorragender **Schutz gegen Düngefehler**. Beim Kunden überleben Pflanzen in Substraten mit Ton länger.

Sand ist sehr **schwer**. Die Standfestigkeit von Topfpflanzen kann dadurch erhöht werden.

Perlite ist vulkanisches Gestein, das über 1000 °C erhitzt wurde. So wie aus kleinen Maiskörnern beim Erhitzen Popcorn wird, so vergrößert sich auch das Gestein beim Erhitzen. Es ergibt dann ein sehr leichtes weißes Granulat mit Tausenden von Poren. Dadurch vergrößert es den **Luftgehalt** im Substrat.

Perlite

Blähton ist gebrannter Ton. Beim Brennen bläht der Ton sich auf wie Popcorn und wird dabei hart und fest. Er gibt keine Nährstoffe mehr ab und speichert auch keine mehr. Dafür hat er aber nach dem Brennen viele Poren und bringt viel **Luft** in den Boden. Wichtig ist, dass er nicht verrottet. Dadurch bleibt ein Substrat mit Blähton lange **strukturstabil**. Es sackt nicht wie andere Substrate im Laufe der Jahre durch die Verrottung zusammen. Das ist bei Dauerbepflanzungen in Trögen oder auf Dachgärten sehr wichtig.

1.5 Organische Zuschlagstoffe

Holzfasern werden aus Holzresten hergestellt. Die Holzreste werden zwischen Metallplatten oder in Metallschnecken zerfasert und unter Druck mit heißem Dampf gekocht. Dabei wird Stickstoff zugesetzt. Danach werden die Holzfasern getrocknet, weil sie sonst bei der Lagerung schimmeln würden. Holzfasern fühlen sich ähnlich flauschig an wie Torf und sind genauso leicht. Sie bringen viel **Luft** ins Substrat. Bei längerer Kultur sacken sie jedoch in sich zusammen, denn sie **verrotten leicht**. Holzfasern haben wenig Nährstoffe und können nur wenig Wasser halten.

Holzhäcksel sind billiger als Holzfasern. Es sind ganz klein gehäckselte Holzreste. Sie bringen viele Grobporen, also viel **Luft** ins Substrat und fallen nicht so schnell zusammen, wie Holzfasern.

Kokosnüsse haben frisch gepflückt um den inneren, braunen Stein herum noch eine äußere Fruchthülle. Diese frische Schale wird abgeschält und monatelang in Wasser eingeweicht. Danach wird sie gehämmert und gerieben. Dabei lösen sich die Fasern voneinander. Nun muss man sie nur noch waschen, trocknen und sortieren. **Kokosfasern** sind leicht und bringen viel **Luft** in die Erde, das ändert sich auch bei einer langen Kulturdauer nicht, denn Kokosfasern **verrotten kaum**. Zuviel Wasser kann gut ablaufen. Kokosfasern quellen im Nassen auf, sie können also auch **Wasser** speichern.

1.6 Künstlich hergestellte Zuschlagstoffe

Styromull sind die kleinen weißen Kügelchen, die entstehen, wenn man Styroporverpackungen zerbröselt. Sie sind extrem leicht und können kein Wasser aufsaugen. Sie bringen **Luft** ins Substrat und machen es **leicht**. Beim Gießen schwimmen sie leicht nach oben.

Styromull

1.7 Kalk

Normalerweise mischt man soviel **fein gemahlenen Kalkstein** in die Substrate hinein, dass sie einen **pH-Wert** von 5 bis 6,5 bekommen. Das passt für fast alle Pflanzen. Nur Moorbeet-Substrate müssen einen pH-Wert von 3,4 bis 4,6 haben.

1.8 Dünger

Die **Düngung** richtet sich nach dem **Nährstoffbedarf der Pflanzen**.

Sämlinge brauchen kaum Dünger. **„Babys brauchen keine Beefsteaks."**

Jungpflanzen brauchen etwas mehr Nährstoffe. „Kinder essen ein halbes Beefsteak."

Pflanzen in der stärksten Wachstumsphase brauchen viel Nährstoffe. „Jugendliche schaffen fünf Beefsteaks, jedenfalls manche Jugendliche, anderen wird schlecht davon." So ist es auch bei den Pflanzen.

Manche Pflanzenarten brauchen **viel Dünger** (Geranien, Kürbis, Kohl). Man nennt sie **Starkzehrer**. Man sagt auch, sie haben eine **hohe Salzverträglichkeit**. Die meisten Dünger bestehen nämlich aus Salzen. Auch organische Dünger wie Mist oder Kompost werden zu Salzen abgebaut.
Andere Pflanzenarten brauchen **wenig Dünger**. Man nennt sie **Schwachzehrer**. Sie haben eine **niedrige Salzverträglichkeit** (Erika, Azaleen, Orchideen).

Entsprechend sind die Substrate eingeteilt:

- **Null-Substrate** (ohne Dünger) für Aussaaten oder zum Selberdüngen,
- **Pikiersubstrate** (wenig Dünger) für die Jungpflanzenaufzucht oder für Pflanzen mit geringer Salzverträglichkeit,
- **Topfsubstrate** (viel Dünger) für nährstoffbedürftige Pflanzen mit hoher Salzverträglichkeit,
- **Moorbeetsubstrate** (wenig Dünger) haben einen niedrigen pH-Wert für die Moorbeetpflanzen.

2 Substratvielfalt

Es gibt verschiedenste Substratmischungen. Das traditionelle **Torfkultursubstrat (TKS)** gibt es noch immer. Viele Erdenwerke dürfen die Abkürzung TKS nicht benutzen und nennen es deshalb anders. TKS besteht aus **100 % Weißtorf**, etwas Kalk und Dünger. **TKS 1** bedeutet Pikiersubstrat, **TKS 2** Topfsubstrat, **TKS 3** Null-Substrat. Inzwischen gibt man gern ein Netzmittel für den Weißtorf bei. Der Weißtorf lässt sich dann besser wieder mit Wasser benetzen (anfeuchten), wenn er zu trocken geworden ist.

Auch die **Einheitserde (EE)** ist auf dem Markt erfolgreich geblieben. Sie besteht aus **70 % Weißtorf, 30 % Ton**, Kalk und Dünger. Auch hier gibt es die verschiedenen Düngerstufen. **Einheitserde Typ 0** ist das Null-Substrat, **Einheitserde Typ P** das Pikiersubstrat und **Einheitserde Typ T** das Topfsubstrat. Typ ED 73 ist eine Einheitserde mit Langzeitdünger.

Rindenkultursubstrate (RKS) bestehen zum größten Teil aus **Rindenhumus**. Man mischt den Rindenhumus gern mit Torf, Ton oder Substratkompost. Auch Kokosfasern, Holzfasern, Blähton und Holzhäcksel werden je nach Bedarf zugemischt. Es gibt **RKS 0** (Null-Substrat), **RKS 1** (Pikiersubstrat) und **RKS 2** (Topfsubstrat).

Es gibt für fast jeden Wunsch eine **Fülle von Spezialsubstraten**. Man kann sich im Internet auf den Seiten der Erdenwerke darüber informieren oder sich mit einem Berater vom Erdenwerk unterhalten. Auf Wunsch kann man Substrate auch im Erdenwerk mischen lassen.

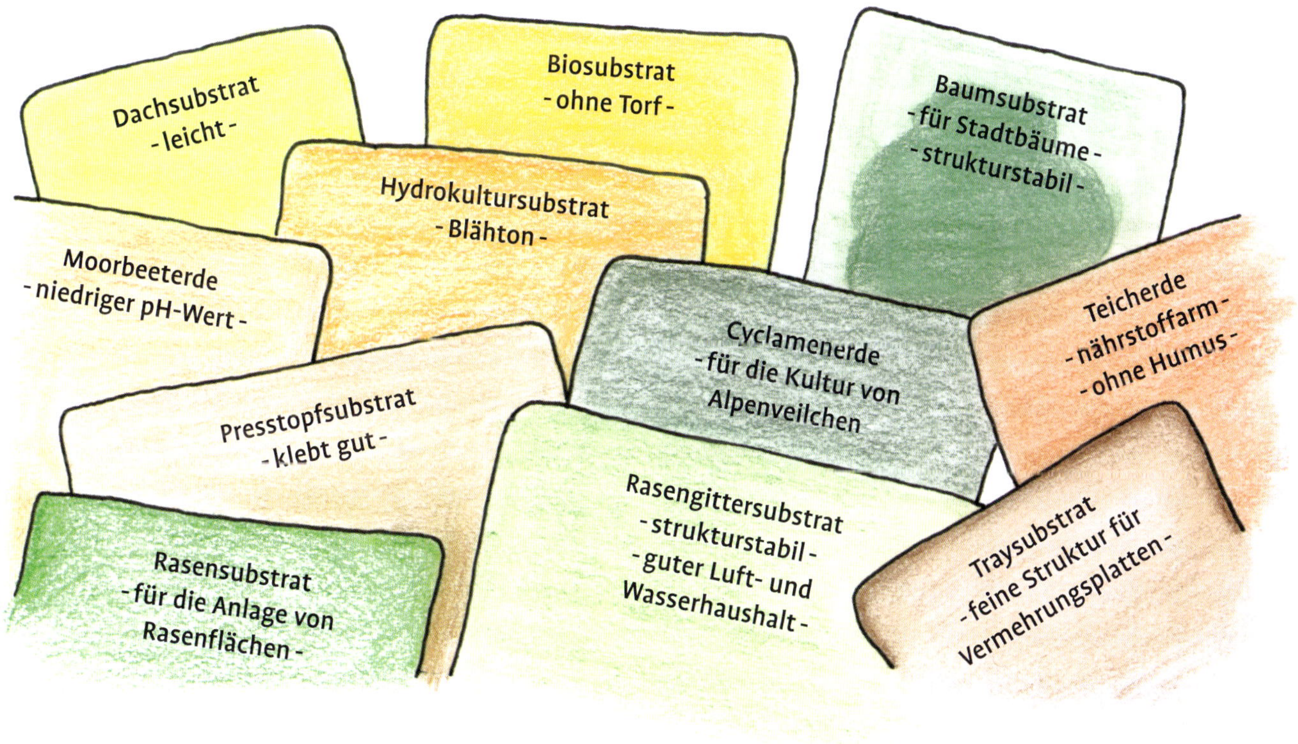

Abbildung 60
Substrate

F Pflanzenernährung

1 Nährstoffkreislauf

Den „luftigen“ Teil des Nährstoffkreislaufs haben wir bei Fotosynthese und Atmung kennen gelernt (siehe Abb. 31). Sauerstoff und Kohlenstoff sind zwei wichtige Pflanzennährstoffe. Außerdem entweicht bei der Atmung Wasserdampf in die Luft. Er gelangt über den Wasserkreislauf wieder an die Pflanzenwurzeln (siehe Abb. 44). Auch Wasserstoff ist ein wichtiger Pflanzennährstoff.

Die anderen Pflanzennährstoffe fallen, fest eingebaut in Pflanzenteile, auf den Boden. Bodenlebewesen fressen diese Pflanzenteile. Sie zerkleinern und zersetzen sie solange, bis die Nährstoffe frei werden. Nun können die Pflanzen die Nährstoffe wieder aufnehmen und neue Pflanzenteile daraus bilden.

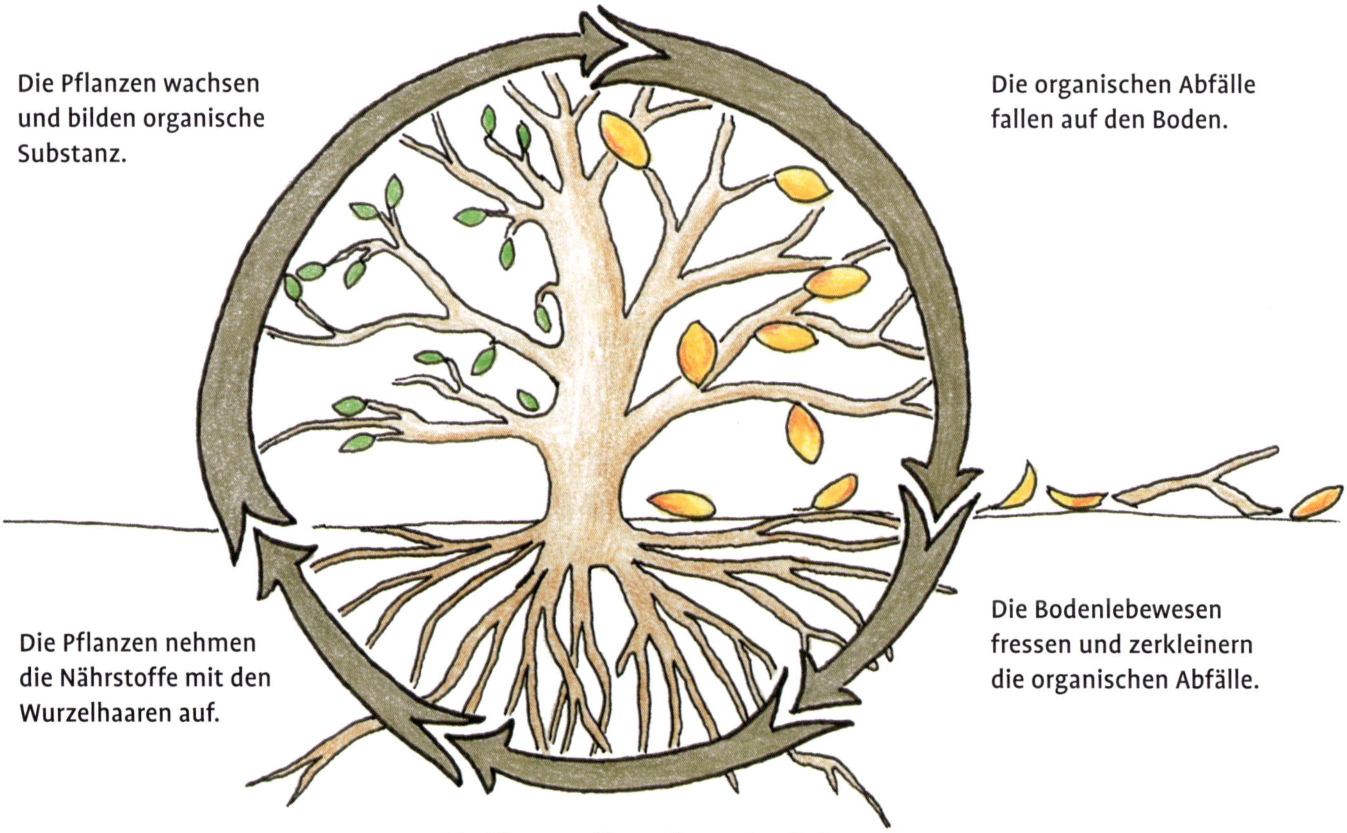

Abbildung 61
Der Nährstoffkreislauf

2 Ionen und Salze

Abbildung 62 zeigt die Pflanzennährstoffe, die im Boden vorkommen.

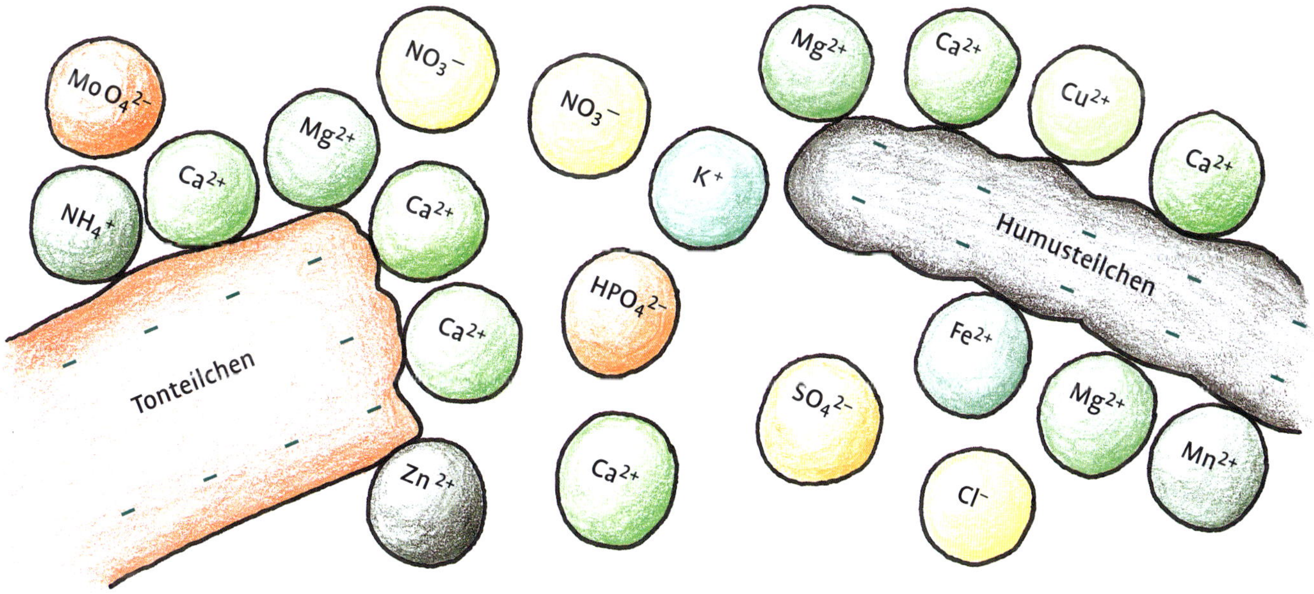

Abbildung 62
Ionen im Boden

Die **Pflanzennährstoffe** schwimmen als Ionen im Bodenwasser. **Ionen** sind winzige Teilchen, die entweder **positiv (+)** oder **negativ (–)** geladen sind. „2+“ bedeutet doppelt positiv geladen. Positiv und negativ geladene Ionen **ziehen sich** gegenseitig **an**. Ionen mit der gleichen Ladung **stoßen sich ab**. Ton- und Humusteilchen sind negativ geladen, deshalb sind sie dicht von positiv geladenen Ionen umringt.

Die anderen Ionen müssten sich eigentlich zu Paaren zusammen finden. Sie schwimmen aber frei im Bodenwasser. Warum ist das so?

Die Wasserteilchen sind schief gebaut und haben eine positive und eine negative Seite. Sie umringen die Ionen. Sie sehen das auf der nächsten Seite.

Wenn genug Wasser da ist, sind alle Ionen von Wasserteilchen umringt. Sie sind **in Wasser gelöst**. In dieser Form kann eine Pflanze Ionen aufnehmen.

Wenn wenig Wasserteilchen da sind, finden sich positiv und negativ geladene Ionen zu Paaren zusammen, sie bilden **Salze**. Die Pflanze kann sie dann nicht mehr aufnehmen. Salze können aber wieder in Wasser gelöst werden.

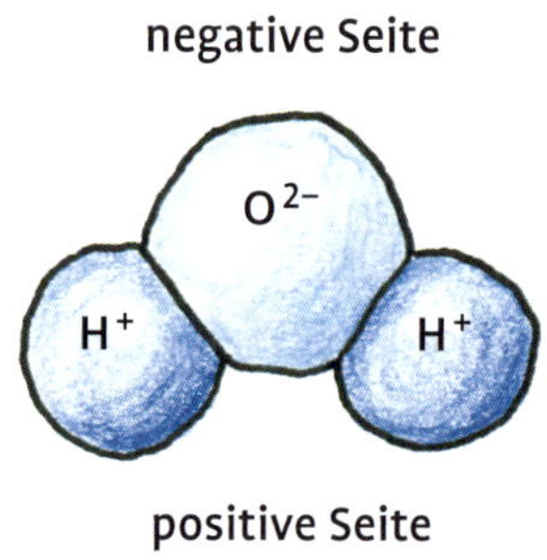

Abbildung 63
Wasserteilchen

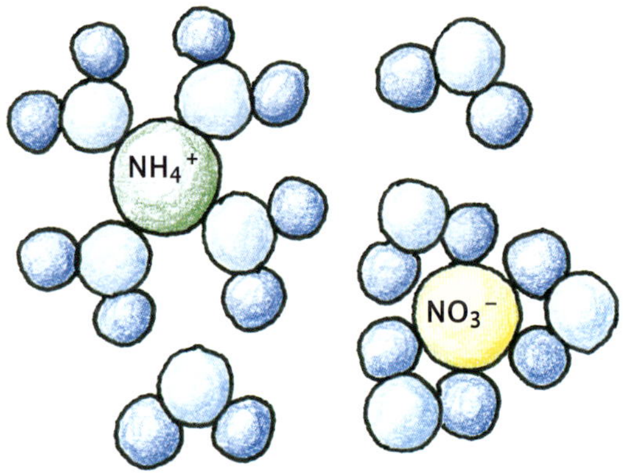

Bei ausreichend Wasser sind Ionen in Wasser gelöst.

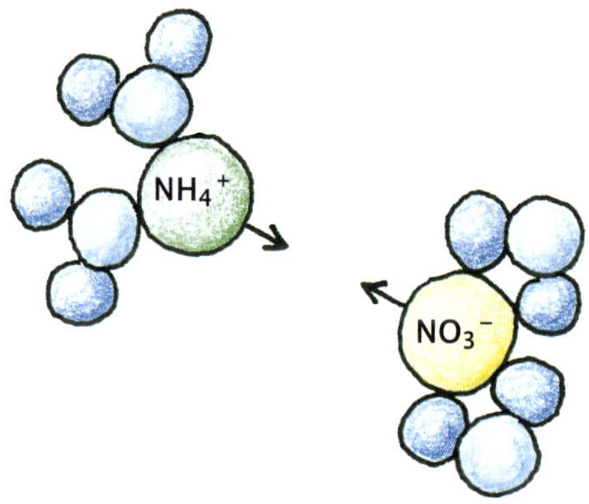

Bei Wassermangel beobachten wir die Salzbildung.

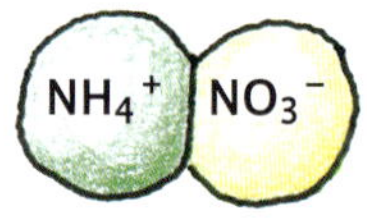

Beim Salz sind positiv und negativ geladene Ionen fest miteinander verbunden.

Abbildung 64
Gelöste Ionen und Salzbildung

Wenn eine Pflanzenwurzel die Ionen in ihrer Umgebung aufgenommen hat, schwimmen automatisch neue Ionen in die Umgebung der Wurzel. **Ionen verteilen sich** im Laufe der Zeit immer **gleichmäßig im Bodenwasser**. Wer's nicht glaubt, kann es ausprobieren. Man kann dazu eine Prise Salz in ein Glas Wasser schütten. Nicht umrühren! Nach ein paar Stunden hat sich das Salz im Wasser gelöst und verteilt sich dann automatisch im ganzen Wasserglas. Obwohl die Salzkörner zuerst nur am Boden lagen, schmeckt später das ganze Wasser salzig.

3 Pflanzennährstoffe

Eine Pflanze braucht **fünfzehn** verschiedene Nährstoffe.

Neun davon braucht sie in großen Mengen. Man nennt sie **Hauptnährstoffe**.

Sechs braucht sie nur in sehr kleinen Mengen. Man nennt sie **Spurennährstoffe**.

Hauptnährstoffe		Spurennährstoffe	
C	Kohlenstoff	Fe	Eisen
O	Sauerstoff	Mn	Mangan
H	Wasserstoff	Zn	Zink
N	Stickstoff	Cu	Kupfer
P	Phosphor	B	Bor
K	Kalium	Mo	Molybdän
Ca	Calcium		
Mg	Magnesium		
S	Schwefel		

Kohlenstoff und **Sauerstoff** bekommt die Pflanze aus der **Luft**. Den **Wasserstoff** holt sie aus dem **Wasser**. Die drei Nährstoffe **C**, **O** und **H** braucht die Pflanze in sehr großer Menge. Man muss sie aber nicht düngen, da sie sowieso in Luft und Wasser vorhanden sind.

Die **anderen Nährstoffe** nimmt die Pflanze **als Ionen aus dem Boden** auf. Sie müssen dazu in Wasser gelöst sein. Diese Nährstoffe kann man düngen, wenn es nötig ist.

N, **P** und **K** benötigt die Pflanze in großer Menge. Man nennt sie auch **Kernnährstoffe**.

Sehen wir uns die einzelnen Nährstoffe näher an:

Stickstoff benötigt die Pflanze zur **Bildung von Eiweiß und Blattgrün**.

Die Luft besteht zu 78 % aus Stickstoff. Den Luftstickstoff **(N_2)** können die Pflanzen jedoch nicht aufnehmen. Bei **Gewitter** wird jedes Mal ein bisschen N_2 in NO_3^--Ionen umgewandelt. **NO_3^--Ionen** kann die Pflanze aus dem Boden aufnehmen. Ein Gewitter ist also jedes Mal eine winzige Stickstoffdüngung. Auch bestimmte **Bakterien** können N_2 aufnehmen und den Pflanzen zur Verfügung stellen. In der **Stickstoffdüngerfabrik** holt der Mensch **N_2 aus der Luft** und macht **Stickstoffdünger** daraus. Zur Herstellung von einem Kilo Stickstoff braucht man so viel Energie, wie in einem dreiviertel Liter Erdöl enthalten ist.

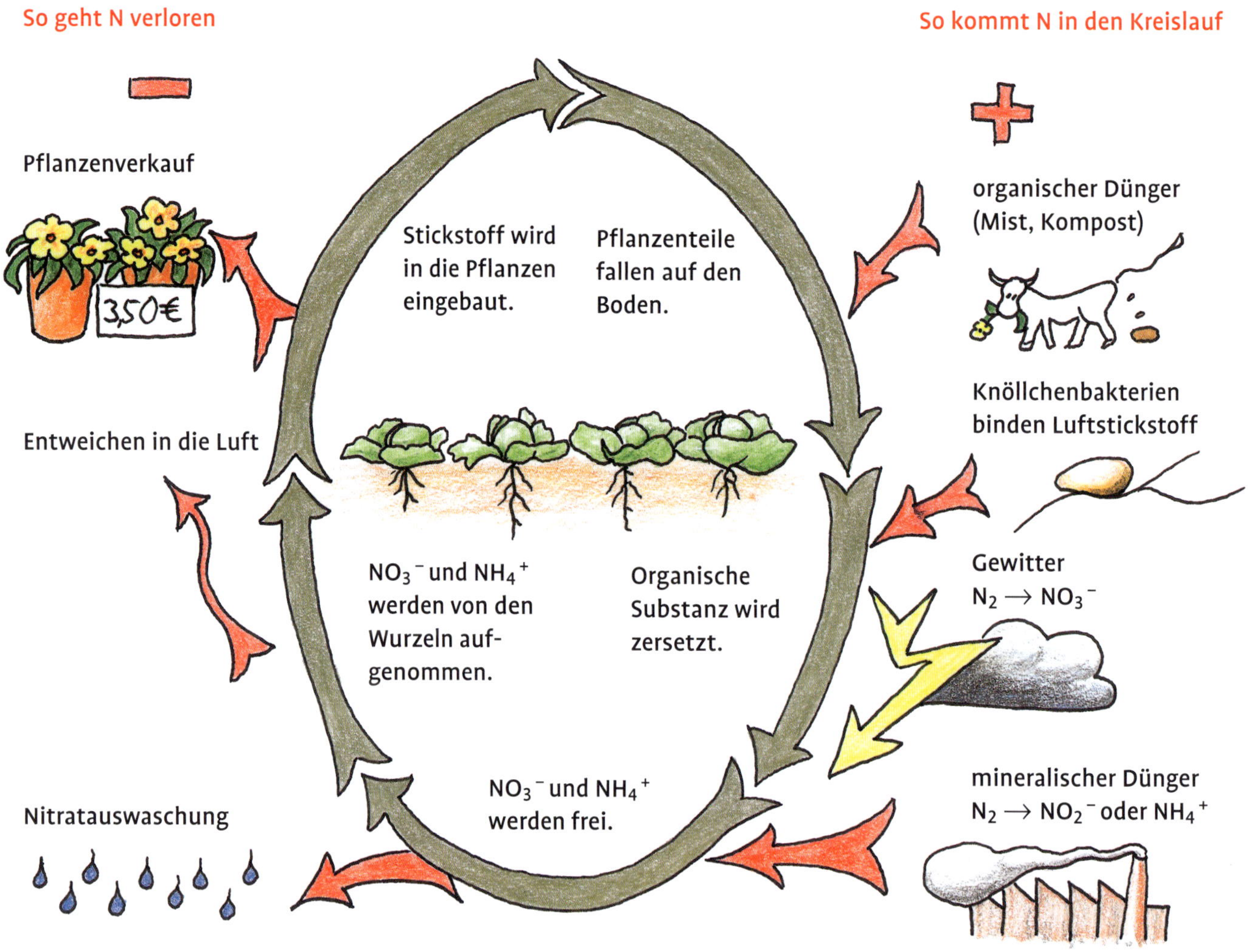

Abbildung 65
Stickstoffkreislauf in einer Gärtnerei

Normalerweise durchläuft der Stickstoff den Nährstoffkreislauf. Im Bodenwasser gelöst, gibt es ihn als **Nitrat (NO_3^--Ionen)** oder **Ammonium (NH_4^+-Ionen)**. Diese Ionen kann die Pflanze aufnehmen.

Der Stickstoffkreislauf hat drei Stellen, an denen Stickstoff verloren gehen kann.

- Beim **Verkauf von Pflanzen** verkaufen wir den Stickstoff in den Pflanzen mit.
- Nitrat und Ammonium wandeln sich manchmal in andere Formen um und entweichen **in die Luft**.
- Nitrat wird **leicht** vom Sickerwasser ins Grundwasser **ausgewaschen**, denn Nitrat hält sich mit seiner negativen Ladung nicht an Ton- oder Humusteilchen fest.

Diese Verluste kann man durch Stickstoffdüngung ausgleichen.

Was passiert, wenn eine Pflanze zu wenig Stickstoff bekommt?
Die Gärtner sprechen dann von **Stickstoffmangel**. Die Pflanze kann nicht genug Blattgrün herstellen. Die **älteren Blätter** werden **gelblich**, junge Blätter werden blassgrün. Die Pflanze wächst nur langsam. Sie **kümmert** und macht frühzeitig Blüten. Der Gärtner nennt das **Notblüte**.

Abbildung 66
Normales Wachstum und Stickstoffmangel

Was passiert, wenn eine Pflanze zu viel Stickstoff bekommt?
Die Gärtner sprechen dann von **Stickstoffüberschuss**. Die Pflanze macht viel Blattgrün. Die Blätter werden **dunkelgrün, groß und mastig**. Das Gewebe ist **weich und anfällig** für Krankheiten. Krautige Pflanzen **kippen leicht um**. Die Pflanzen **blühen später** als normalerweise. Gehölze vertragen **nicht so viel Frost**.

Im Gemüsebau kann zu viel Stickstoffdünger **für Menschen gefährlich** werden. Warum?
Wenn viel Nitrat im Boden ist, nimmt die Pflanze viel Nitrat auf. Normalerweise wird das Nitrat beim Aufbau von Eiweiß oder Blattgrün sofort verbraucht. **Bei wenig Licht** hat die Pflanze nicht genug Energie, das Nitrat einzubauen. Sie nimmt trotzdem weiter Nitrat auf. Dieses Nitrat bleibt im Pflanzensaft gelöst. Vor allem in **Blattgemüsearten** (Salat, Spinat) findet man bei schlechtem Wetter oder im Winter **hohe Nitratwerte**. Nitrat selber ist harmlos für den Menschen. Nitrat wandelt sich aber leicht in Nitrit um. **Nitrit** ist besonders für Säuglinge **giftig**. Bei Erwachsenen steigert es das Krebsrisiko.

Bei falscher Stickstoffdüngung kann Nitrat ins **Trinkwasser** gelangen, denn Regenwasser wäscht das Nitrat aus dem Oberboden ins Grundwasser. Von da aus gelangt es ins Trinkwasser. Nitrat im Trinkwasser ist für Menschen gefährlich.

In **Bächen und Seen** fördert Nitrat das Wachstum der Algen. Auf der Wasseroberfläche bildet sich ein **dichter grüner Algenteppich**, sodass kein Licht mehr ins tiefe Wasser gelangt. Die Pflanzen im tiefen Wasser können deshalb keine Fotosynthese mehr machen. Sie produzieren keinen Sauerstoff mehr. Im Wasser unter dem Algenteppich herrscht dann Sauerstoffmangel. Bei Sauerstoffmangel sterben Tiere und Pflanzen ab und verfaulen. Das Wasser fängt an zu stinken. Man sagt dann, der See ist **„umgekippt“**.

Wie können Gärtner verhindern, dass Nitrat ins Grundwasser oder Oberflächenwasser gelangt?

Im Winter wachsen die Pflanzen nicht, sie brauchen kein Nitrat. **Im späten Herbst oder Winter** düngt man **kein Nitrat**. Es würde ausgewaschen.

Im Frühling wachsen die Pflanzen los. Sie brauchen Nitrat. Ein guter Gärtner schickt im Frühling eine **Bodenprobe** ins Labor, damit er weiß, wie viel Nitrat bereits im Boden ist. Dann düngt er nur so viel Nitrat, wie für die angebaute Pflanzenart sinnvoll ist. Er düngt keine großen Nitratmengen auf einmal, sondern mehrmals über den Sommer kleine Mengen. Die **Pflanzenwurzeln** können das **Nitrat** dann **sofort aufnehmen** und es kann **nicht ausgewaschen** werden.

Phosphor fördert die **Blüten- und Fruchtbildung** und hilft bei der **Energieübertragung**. Phosphormangel und Phosphorüberschuss kommen fast nie vor.

Abbildung 67
Normales Wachstum und Phosphormangel

Abbildung 68
Normales Wachstum und Kalimangel

Kalium verbessert den **Wasserhaushalt** der Pflanze. Es fördert die **Festigkeit der Zelle** und **vermindert** die **Anfälligkeit gegenüber Krankheitserregern und Schädlingen**. Pflanzen mit viel Kalium im Zellsaft **vertragen mehr Frost**.
Bei Kaliummangel **schlappen** die Pflanzen leicht und **wachsen schlecht**. **Ältere Blätter** werden **an den Rändern gelb** und sterben ab.
Zu viel Kalium im Boden **„verbrennt“** die Pflanzen und **zerstört die Bodenkrümel**.

Magnesium ist ein wichtiger Baustein für das **Blattgrün**.
Bei Magnesiummangel werden die **älteren Blätter gelb**. Die **Blattadern und deren Umgebung** bleiben **grün** (wenn jüngere Blätter gelb werden und dabei grüne Blattadern behalten, ist das Eisenmangel).
Magnesiumüberschuss gibt es fast nie.

Abbildung 69
Normales Wachstum und Magnesiummangel

Calcium (Kalk) ist ein wichtiger **Baustein der Zellwand**. Kalk regelt mit Kalium zusammen das Öffnen und Schließen der Schließzellen. **Im Boden** ist Kalk wichtig für die **Bodengare**. Stabile Bodenkrümel (Ton-Humus-Komplexe) werden durch Kalk zusammengehalten.
Bei Kalkmangel werden die **jungen Blätter gelb** und sterben ab. **Wachstumspunkte sterben**. Wurzeln wachsen schlecht. **Zellwände brechen zusammen**. **Junge Triebe knicken ab**, in Äpfeln bilden sich braune Stellen im Fruchtfleisch.
Bei zu viel Kalk im Boden, werden bestimmte Nährstoffe im Boden festgehalten und können von der Pflanze nicht aufgenommen werden. Die Pflanze bekommt dann zum Beispiel Eisenmangel.

Abbildung 70
Normales Wachstum und Kalkmangel

Schwefel wird bei der **Verbrennung von Kohle, Öl und Benzin** frei. Früher gab es Pflanzenschäden durch zu viel Schwefel, so dreckig war die Luft. Heute werden die Abgase besser gereinigt. Der Schwefelgehalt der Luft ist zurückgegangen. Zum Teil muss man wieder Schwefel düngen.

Spurennährstoffe braucht die Pflanze nur in kleinen Mengen. In großen Mengen sind viele Spurennährstoffe für die Pflanzen giftig. Wenn Pflanzen kränklich aussehen, sollte man an einen Spurennährstoffmangel denken, wenn man keine anderen Krankheiten findet.

4 Wachstumsgesetze

Das Minimumgesetz

Wenn einer Pflanze etwas fehlt, kann sie nicht gut wachsen. Der **fehlende Wachstumsfaktor begrenzt** das **Wachstum** der Pflanze.

In der Wüste ist fast alles vorhanden, was eine Pflanze zum Wachstum braucht: Licht, Wärme, Luft, Nährstoffe ... es ist nur zu wenig Wasser da. Wasser ist der fehlende Wachstumsfaktor, er begrenzt das Wachstum der Pflanzen.

In einem Hochmoor ist genug Wasser da. Auch Licht, Wärme und Luft sind vorhanden. Dort fehlen die Nährstoffe. Die Nährstoffe sind der fehlende Wachstumsfaktor. Schließlich kann nicht jede Pflanze Insekten fangen, verdauen und die Nährstoffe daraus nutzen, wie der Sonnentau.

Das kaputte Wasserfass auf der Zeichnung zeigt, wie das Minimumgesetz funktioniert. Das Wasser in der Tonne steht für das Wachstum der Pflanzen. Jedes Holzbrett ist ein Wachstumsfaktor. In diesem Fall ist das Wärmebrett das Kürzeste. Wahrscheinlich ist gerade Winter. Stellen Sie sich vor, es wird Frühling (das Wärmebrett wird dann länger). Welches Brett ist nun zu kurz? Was wird der Gärtner dagegen tun?

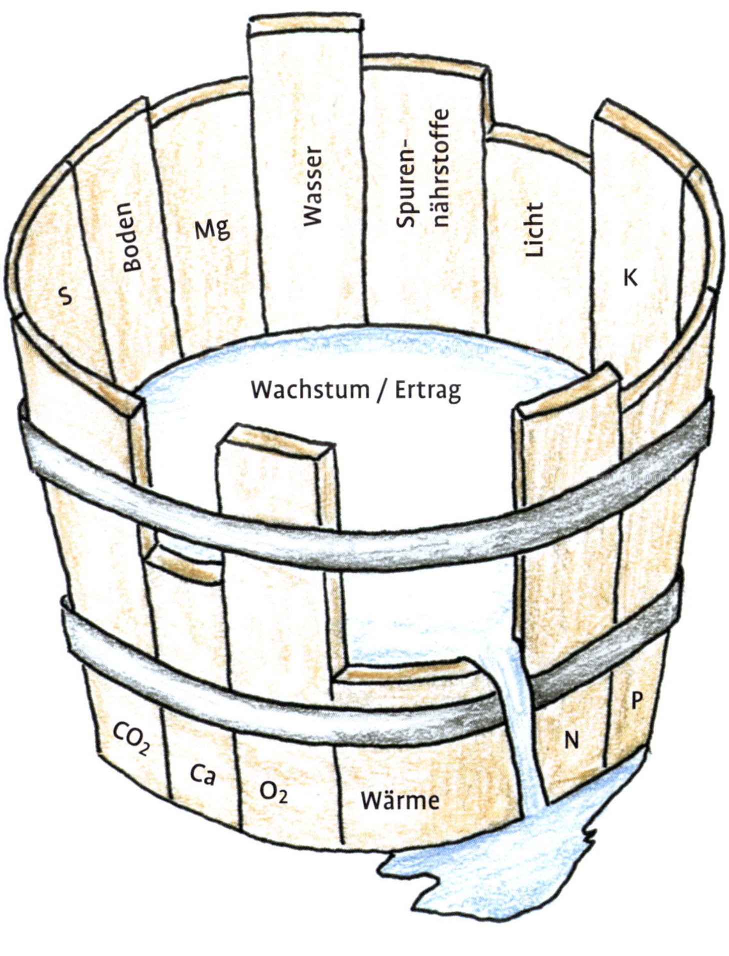

Abbildung 71
Die Minimumtonne

Abbildung 72
Mangel und Überschuss an Dünger

Vorsicht!
Auch besonders hohe Bretter sind gefährlich. Betrachten wir das am Beispiel des Düngers. Bekommt eine Pflanze zu wenig Dünger, wächst sie langsam und sieht oft kränklich aus (1). Bekommt sie etwa die richtige Düngermenge, wächst sie gut und sieht gesund aus (2). Wenn eine Pflanze zu viel Dünger bekommt, wird sie leicht krank (3). Zu viel leicht löslicher Mineraldünger „verbrennt“ die Pflanzen sogar (4).

Zu lange und zu kurze Bretter sind schädlich. Welche Brettlänge ist die Richtige?

Das hängt von der Pflanzenart ab. Starkzehrer brauchen mehr Dünger als Schwachzehrer. Warmhauspflanzen brauchen mehr Wärme als Kalthauspflanzen. Sonnenpflanzen brauchen mehr Licht als Schattenpflanzen und so weiter. Eine Pflanze gedeiht nur gut, wenn die **Wachstumsfaktoren** für sie **optimal** sind.

5 Düngung

In einem geschlossenen Nährstoffkreislauf gehen keine Nährstoffe verloren. In einer Gärtnerei ist das anders. Dort werden Pflanzen verkauft. Die Nährstoffe in den Pflanzen werden mit verkauft. Sie kommen nicht wieder in den Boden der Gärtnerei zurück. Der Nährstoffkreislauf ist offen. Der Gärtner ersetzt die fehlenden Nährstoffe durch Düngung. Er kann mineralisch und organisch düngen.

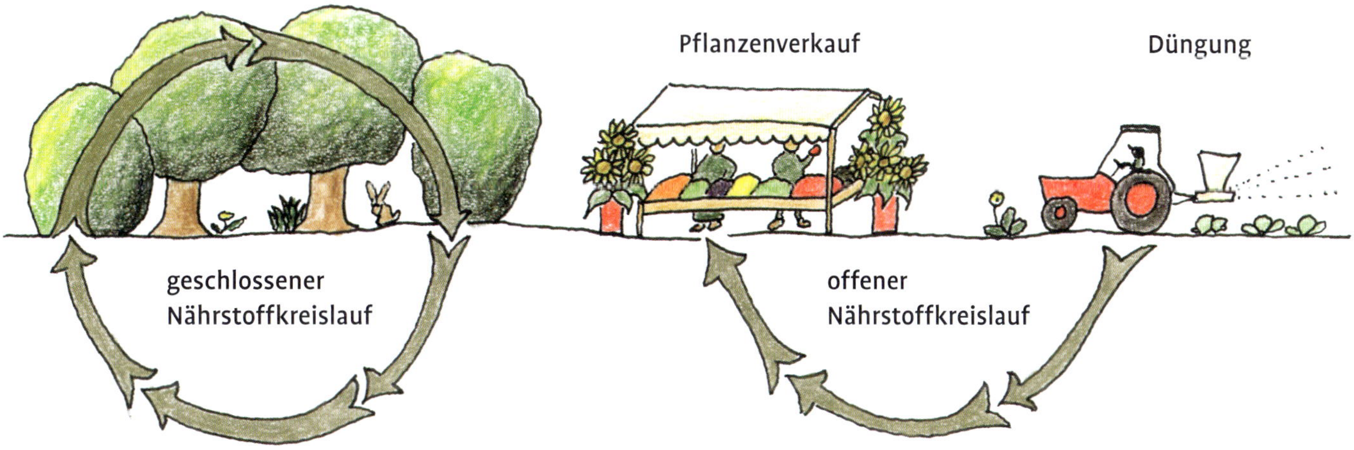

Abbildung 73
Geschlossener und offener Nährstoffkreislauf

5.1 Organische Düngung

Organische Dünger bestehen aus **organischem Material** (siehe Seite 55). Organische Dünger werden im Boden von den **Bodenlebewesen** langsam abgebaut, sodass laufend **Pflanzennährstoffe frei** werden. Wenn es warm ist, werden viele Nährstoffe freigesetzt. Bei Kälte arbeiten die Bodenlebewesen kaum. Es werden nur wenig Nährstoffe freigesetzt. Daher kann es im Frühling, wenn der Boden kalt ist, trotz organischer Düngung zu Nährstoffmangel bei den Pflanzen kommen. Mit organischen Düngern kann man **nicht gezielt düngen**, denn die Nährstofffreisetzung hängt von der Arbeit der Bodenlebewesen ab.

Organischer Dünger bringt nicht nur Pflanzennährstoffe in den Boden, sondern auch **Humus** (siehe Seite 48). Humus ist gut für die **Bodenstruktur** und kann gut **Wasser und Nährstoffe speichern**. Er **fördert das Bodenleben**. Das Bodenleben lockert und durchlüftet den Boden und produziert **stabile Krümel**. Eine gute **Gare** ist für das Wachstum der Pflanzen ebenso wichtig wie eine gute Nährstoffversorgung.

Sehen wir uns die organischen Dünger näher an:

Der Nährstoffgehalt von **Kompost** hängt davon ab, was kompostiert wurde.

Mist entsteht in Tierställen. Kot und Harn der Tiere vermischen sich mit der Einstreu unter den Tieren (Stroh, Sägespäne, Laub). Die Ställe werden gemistet und der Mist auf dem Misthaufen gesammelt. Mist ist ein **wertvoller Dünger**. Je nach Fütterung der Tiere und Art der Einstreu ist die Nährstoffzusammensetzung anders. Man düngt ungefähr 1–4 kg Mist pro m^2 in einem Jahr.

Jauche besteht aus allem, was unten aus einem Stall oder Misthaufen heraustropft. Es ist hauptsächlich der Harn der Tiere. Jauche wird in Jauchegruben gesammelt. Jauche ist ein **schnell wirkender flüssiger NK-Dünger**. Man düngt ungefähr 2–5 Liter pro m^2 in einem Jahr.

Gülle entsteht in modernen Ställen mit Spaltenboden. Die Tiere laufen auf Brettern herum, zwischen denen kleine Spalten sind. Kot und Harn tropfen durch die Spalten hindurch oder werden hindurch getreten. Gülle wird in Güllegruben gesammelt. Sie ist nicht so flüssig wie Jauche. Man düngt ungefähr 2–6 Liter pro m^2 Boden in einem Jahr.

Gründüngung ist die Düngung mit lebendigen Pflanzen. Man **sät schnell wachsende Pflanzen** aus, lässt sie eine Weile wachsen und **arbeitet sie dann in den Boden ein**. Das macht man in Zeiten, in denen der Boden sonst ohne Pflanzenbewuchs brach liegen würde. Unter der Gründüngung entsteht **Schattengare**. Die **Bodenlebewesen** fühlen sich wohl, **lockern den Boden** und bilden **stabile Krümel**. **Pflanzennährstoffe** werden von den Pflanzen aufgenommen und können **nicht ausgewaschen** werden. Die Pflanzenwurzeln halten den Boden fest und **schützen** ihn vor **Erosion** (siehe Seite 52). Die Gründüngungspflanzen **unterdrücken das Unkraut**. Wenn die Pflanzen schließlich eingearbeitet werden, entsteht **Humus**. Humus wirkt als **Dünger** und **verbessert die Bodenstruktur**.

Leguminosen sind Pflanzen, die an ihren Wurzeln kleine Knöllchen mit Bakterien bilden. Sie eignen sich besonders gut als Gründüngungspflanzen, weil die **Knöllchenbakterien Luftstickstoff sammeln**. Dadurch kann man Stickstoffdünger sparen.

Gründüngungspflanzen	Mögliche Aussaat	Bemerkungen
Phacelia	III – IX	nicht frosthart, gute Bienenweide
Senf	III – X	nicht frosthart, nicht vor Kohlgewächsen
Rot- oder Weißklee	III – IX	frosthart, Leguminose, trittfest, gute Untersaat unter Tomaten
Lupine	IV – IX	nicht frosthart, Tiefwurzler, für leichte Böden, Leguminose
Luzerne	III – X	frosthart, Tiefwurzler, Leguminose, gut auf Kalkböden
Winterroggen	IX – X	frosthart, Erosionsschutz
Erbsen	III – X	nicht frosthart, Leguminose

Knöllchenbakterien

Weißklee

Luzerne

Phacelia

Senf

Erbsen

Abbildung 74
Gründüngungspflanzen und Knöllchenbakterien

Mulch bedeutet **Bodenbedeckung**.
Mulchen mit organischem Material hat eine **Düngewirkung**, denn die Bodenlebewesen zersetzen es nach und nach und setzen die **Pflanzennährstoffe frei**. Das organische Material bedeckt den Boden **(Schattengare), verhindert Erosion, unterdrückt das Unkraut**, hält den **Boden feucht** und **fördert das Bodenleben**. Im Garten- und Landschaftsbau benutzt man häufig **Rindenmulch** (siehe Seite 60). Mulchen kann man aber auch mit **Laub, Rasenschnitt, Stroh, Unkraut, geschredderten Ästen, Pappe oder anderen organischen Materialien**.

Manchmal wird **schwarze Folie** zum Mulchen verwendet. Schwarze Folie bedeckt den Boden (Schattengare) und unterdrückt das Unkraut. Schwarze Folie hat **keine Düngewirkung**, denn sie wird von den Bodenlebewesen nicht gefressen. Sie wird nach ein- bis zweimaligem Gebrauch als **Müll** entsorgt.

Blutmehl, Hornmehl oder **Hornspäne** werden aus Abfällen von Schlachthöfen hergestellt. Man kann sie in Säcken kaufen. Es sind organische **Stickstoffdünger**. Sie werden recht schnell von den Bodenlebewesen zersetzt.

Knochenmehl stammt vom Schlachthof. Es ist ein organischer **Phosphordünger**.

Guano ist Vogelkot. An der Küste von Südamerika liegt der Vogelkot in großen Seevogelkolonien zum Teil meterhoch. Dort gewinnt man Guano. Guano ist ein **NPK-Dünger**.

5.2 Mineralische Düngung

Mit **Mineraldüngern** kann man **gezielt düngen**. Die meisten **lösen sich** einfach **im Bodenwasser auf** und **wirken sofort**. Andere sind so gebaut, dass die Nährstoffe langsam und gleichmäßig frei werden. Bei Mineraldüngern weiß man genau, wie viel und welche Nährstoffe man gerade düngt und wann sie der Pflanze zur Verfügung stehen.

Wenn man Mineraldünger auf den Boden streut, sieht man manchmal nach einer Woche schon, wie die Pflanzen besser wachsen. Sprüht man einen Blattdünger auf die Blätter, sieht man den Erfolg bereits nach zwei Tagen. Einen Nachteil gibt es bei Mineraldüngern: Wenn man **falsch düngt**, **schädigt** man die Pflanzen leicht.

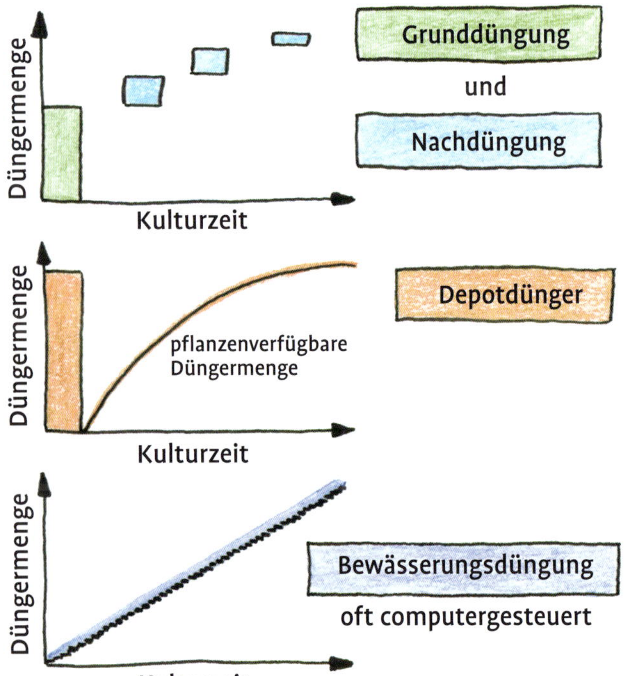

Abbildung 75
So kann man düngen

Mineraldünger sind Salze. Man kann sie in **verschiedener Form** kaufen:

- als **Salz:** Salze können sich in Wasser lösen (vergleiche Seite 66).
- als **Granulat:** Granulate sind Salze, die zu Düngerkörnern verarbeitet wurden.
- als **Flüssigdünger:** Die Salze sind bereits in Wasser gelöst.
- als **Vorratsdünger** (auch **Depotdünger** oder **Langzeitdünger** genannt): Die Salze sind so verpackt, dass sie nur langsam für die Pflanzen verfügbar werden. Sie stecken zum Beispiel in kleinen Kunststoffkugeln.

Wann düngt man?
Vor Beginn der Kultur erhalten Substrat oder Boden eine **Grunddüngung**. Die Düngermenge richtet sich danach, welche Pflanzenart angebaut wird und wie viel Nährstoffe bereits im Boden sind. Während der Kultur düngt man immer, wenn die Pflanzen wieder Nährstoffe brauchen. Das nennt man **Nachdüngung**. Wenn man mit Vorratsdüngern gedüngt hat, muss man in der Regel nicht mehr nachdüngen. Bei der Bewässerungsdüngung gibt es fast keine Grunddüngung. Die Pflanzen werden bei jedem Bewässerungsvorgang gedüngt.

Wie düngt man?
Für die **Grunddüngung** werden feste Dünger **in Substrate** gemischt oder **auf den Boden gestreut** und eingearbeitet.

Wenn die **Nachdüngung** erfolgt, sind die Pflanzen bereits eine Weile gewachsen. Es gibt verschiedene Düngemethoden:

- Bei der **Kopfdüngung** werden feste Dünger „über die Köpfe der Pflanzen" gestreut. Das macht man vor allen Dingen im Freiland.
- Die **Flüssigdüngung** erfolgt mit Flüssigdüngern. Gärtner können Flüssigdünger selbst herstellen, indem sie Düngesalze in Wasser auflösen.
  - Oft wird der Flüssigdünger dem **Gießwasser** mit einem **Düngermischer** beigemischt. Die gewünschte Konzentration kann man am Düngermischer einstellen. Diese Methode heißt auch **Gießdüngung**.

- Bei der **Bewässerungsdüngung** stehen die Pflanzen in Anstaubeeten, Fließrinnen oder in Hydrokultur. Man löst die Düngesalze in der **Nährlösung**, mit der die Pflanzen laufend versorgt werden.
- Bei der **Blattdüngung** wird die Düngerlösung auf die Blätter gesprüht. Man kann das mit einer Pflanzenschutzspritze machen. Damit das Wasser nicht von der Wachsschicht der Blätter abperlt, kann man ein **Benetzungsmittel** zusetzen. Nur wenn die Blätter richtig nass werden und die Wachsschicht ein wenig aufweicht, kann die Pflanze die Nährstoffe gut aufnehmen.

Welche Dünger gibt es?

Einnährstoffdünger enthalten überwiegend einen Nährstoff.

Mehrnährstoffdünger enthalten mehr als einen Nährstoff.

Volldünger enthalten **N, P** und **K**.

Spurennährstoffdünger sind Dünger mit Spurennährstoffen.

Wirtschaftsdünger stammen aus Landwirtschaft oder Gartenbau (Mist, Kompost ...).

Handelsdünger kann man im Handel kaufen.

Auswahl von Einnährstoffdüngern

Dünger	Nährstoff	Bemerkungen
1. **Stickstoffdünger** (Ammon bedeutet NH_4^+, Salpeter bedeutet NO_3^-)		
Kalksalpeter (NO_3^-)	16 % N (+ Kalk)	weiße Körner, stark wasseranziehend, sehr schnelle Wirkung, wird leicht ausgewaschen
Schwefelsaures Ammoniak (NH_4^+)	21 % N (+ Schwefel)	weiße Nadeln, langsame Wirkung, wird im Boden festgehalten
Kalkammonsalpeter (NO_3^- und NH_4^+) Ammonsulfatsalpeter (NO_3^- und NH_4^+)	27,5 % N (+ Kalk) 26 % N (+ Schwefel)	weißliches Granulat oder gefärbte Körner, schnelle und langsame Wirkung
Harnstoff	46 % N	Weiße Kristalle, als Blattdüngung schnelle Wirkung, im Boden langsame Wirkung. Harnstoff ist kein Salz, sondern eine organische Verbindung.
Kalkstickstoff (ist kein Salz)	22 % N + Kalk	**Schwarzes Pulver oder Körner**, langsame Wirkung, Vorsicht beim Lagern und Streuen! Handschuhe tragen, Staub nicht einatmen, kein Alkohol. **Kalkstickstoff + Wasser = Gift** Nach dem Ausstreuen sterben Pflanzen und Tiere auf dem Acker. Nach 2–3 Wochen ist das Gift abgebaut. Man kann erst dann wieder säen oder pflanzen.
Crotodur-N, Isodur-N	etwa 30 % N	Zwei schwer abbaubare Harnstoffverbindungen mit Langzeitwirkung (etwa 3 Monate). Sie werden oft in Langzeitdünger gemischt.

Fortsetzung der Tabelle nächste Seite

Auswahl von Einnährstoffdüngern (Fortsetzung)		
Dünger	Nährstoff	Bemerkungen
2. **Phosphordünger**		
Superphosphat	18 % P_2O_5 (8 % P)	graue Körner, wasserlöslich, schnelle Wirkung
3. **Kaliumdünger**		
Kaliumsulfat	50 % K_2SO_4 (22 % K)	weißes Salz, gut wasserlöslich, auch zum Flüssigdüngen
Kalimagnesia (Patentkali)	30 % K_2O (25 % K)	weiße Körner zum Streuen, schnell wirksam
4. **Magnesiumdünger**		
Kieserit	25 % MgO (15 % Mg)	schnelle Wirkung
Bittersalz	16 % MgO (10 % Mg)	schnelle Wirkung, gut zur Blattdüngung
5. **Kalke** (Calciumdünger)		
Kohlensaurer Kalk	etwa 50 % CaO	gemahlener Kalkstein, weiß-grau, langsame Wirkung, für Substrate und leichte Böden
Branntkalk	etwa 80 % CaO	gebrannter Kalkstein, weiß, ätzend, schnelle Wirkung, nur für schwere Böden
Löschkalk	etwa 65 % CaO	weiß, ätzend, schnell wirkend, für schwere Böden; Herstellung: Branntkalk wird mit Wasser „gelöscht“, dabei entsteht Löschkalk und Hitze
Hüttenkalk	etwa 45 % CaO	grau, sehr langsame Wirkung, für leichte Böden

Bei **Mehrnährstoffdüngern** sind häufig **Zahlen auf den Sack gedruckt**.

Zum Beispiel: 17 : 12 : 21 oder auch 17 + 12 + 21

Diese Zahlen stehen für den Gehalt an Nährstoffen. Sie sind immer in folgender Reihenfolge angegeben:

N : P : K

Bei mehr als drei Zahlen gibt die vierte Zahl den **Magnesiumgehalt** an, die fünfte den **Schwefelgehalt**. Ein Dünger mit den Zahlen 17 : 12 : 21 : 2 auf dem Sack hat also: 17 % Stickstoff, 12 % Phosphor, 21 % Kalium und 2 % Magnesium.

Man muss solche Tabellen nicht auswendig lernen. Es ist aber gut, wenn man damit umgehen kann.

Verschiedene Einnährstoffdünger kann man mischen und so Mehrnährstoffdünger herstellen.
Aber **Vorsicht! Dünger mischen kann gefährlich sein**. Einerseits können giftige Gase dabei entstehen, andererseits können Nährstoffe verloren gehen. Bevor man verschiedene Dünger mischt, muss man sich erkundigen, ob man genau diese Dünger mischen darf.

Auswahl von Mehrnährstoffdüngern	
Dünger	Nährstoffe, Bemerkungen
1. **Granulate** zum Streuen	
Nitrophoska spezial	12 + 12 + 17 (2 + 20)
Entec perfect	14 + 7 + 17 (2 + 9) mit Bor und Zink; bei Entec-Düngern wird der Stickstoff nicht so leicht ausgewaschen
2. **Salze** zum Erde mischen oder Herstellen von Flüssigdünger und Nährlösungen	
Hakaphos soft Spezial	16 + 8 + 22 + 3 + Spurenelemente; geeignet für die computergesteuerte Bewässerungsdüngung (Anstau-, Rinnen- und Hydrokultursysteme)
Hakaphos blau	15 + 10 + 15 + 2 + Spurennährstoffe; Standardnährsalz mit ausgeglichenem Nährstoffverhältnis
Hakphos grün	20 + 5 + 10 + 2 + Spurennährstoffe; stickstoffbetontes Düngesalz zur Düngung von Kulturen in der Wachstumsphase
Peters Professional	geeignet für die automatische Düngung; Peters Professional gibt es in verschiedenen Nährstoffzusammensetzungen, je nach Bedarf sucht man den passenden Dünger aus
Ferty	zum Beispiel: Ferty 1 (N-betont), Ferty 2 (K-betont), Ferty 3 (ausgeglichen), Ferty 8 (P-frei, wenn schon genug Phosphor im Boden vorhanden ist)
3. **Flüssigdünger** für die automatische Düngerbeimischung oder für die Blattdüngung	
Wuxal Super	8 : 8 : 6 und Spurennährstoffe
Wuxal Top N	12 : 4 : 6 und Spurennährstoffe
4. **Depotdünger** als Langzeitdünger	
Basacote Plus 3M (auch als 6M, 9M oder 12M erhältlich)	16 + 8 + 12 + 2 + 5 + Spurenelemente; 3M bedeutet 3 Monate Wirkungsdauer; 6M bedeutet 6 Monate Wirkungsdauer
Osmocote Exact Standard 5 – 6M (auch als 8 – 9M und 12 – 14M erhältlich)	15 : 9 : 12 : 2 + Sp; 5 – 6M bedeutet 5 bis 6 Monate Wirkungsdauer
5. **Spurennährstoffdünger**	
Fetrilon 13 %	Eisendünger mit 13 % wasserlöslichem Eisen

G Wetterkunde

Beispiele für verschiedene Beleuchtungsstärken	
Vollmond	0,2 Lux
Kerze in 1 m Abstand	1 Lux
Straßenbeleuchtung	10 – 20 Lux
trüber Wintertag	1500 Lux
sonniger Sommertag	120.000 Lux
Beginn der Fotosynthese	400 – 1000 Lux
volle Fotosyntheseleistung	über 10.000 Lux

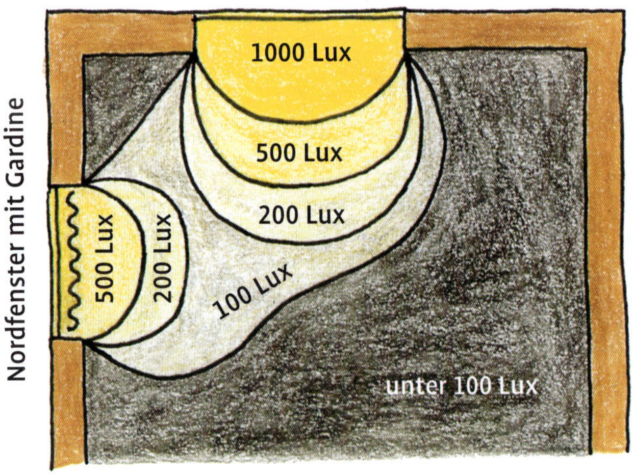

Abbildung 76
Lichtverhältnisse im Zimmer an einem bedeckten Wintertag. Draußen wurden 2000 Lux gemessen.

1 Licht und Strahlung

Die Strahlung, die wir mit unseren Augen sehen können, nennt man **sichtbares Licht**. Das sichtbare Licht ist für die Fotosynthese wichtig. Mit einem **Luxmeter** kann man messen, wie hell oder dunkel es gerade ist. Die Einheit für die Beleuchtungsstärke ist **Lux**.

Wenn es zu dunkel ist, machen die Pflanzen keine Fotosynthese mehr. Schattenpflanzen brauchen mindestens 400 Lux für die Fotosynthese. Sonnenpflanzen brauchen mindestens 1000 Lux.

In einer Wohnung ist für viele Pflanzen nur direkt am Fenster genug Licht zum Wachsen. Will man Pflanzen ins Innere eines Zimmers stellen, brauchen sie eine spezielle Zusatzbeleuchtung. Normale Glühbirnen sind dafür nicht geeignet.

Von der Sonne kommt außer dem sichtbaren Licht auch **UV-Strahlung**. Man kann sie nicht sehen, aber man bekommt einen Sonnenbrand davon. Heutzutage ist die UV-Strahlung stärker als früher, denn schädliche Gase haben das Ozon in hohen Luftschichten zerstört. Man spricht vom Ozonloch. Die UV-Strahlung kann durch die Ozonlöcher ungehindert auf die Erde strahlen. Solch große Mengen an UV-Strahlung sind die Lebewesen hier auf der Erde nicht gewöhnt. Deshalb gibt es vermehrt Sonnenbrände, Hautkrebs und Augenkrankheiten. Gärtner sollten sich heutzutage vor zu starker UV-Strahlung schützen. Vor allen Dingen im Frühling sollte man die Haut vorsichtig an die Sonne gewöhnen. **Jeder Sonnenbrand ist schädlich**.

Auch Pflanzen können einen Sonnenbrand bekommen. Das passiert leicht, wenn man Pflanzen aus dem Gewächshaus plötzlich ins Freiland bringt. Es ist wichtig, **Gewächshauspflanzen** langsam an die UV-Strahlung zu gewöhnen, sie **abzuhärten**, bevor man sie im Freiland in die Sonne pflanzt. Man kann sie zum Abhärten ein paar Tage draußen in den Schatten stellen. Oder man pflanzt sie in einer Schlechtwetterperiode nach draußen. Bis die Sonne wieder scheint, sind die Pflanzen meist ausreichend abgehärtet.

Sonnenstrahlen fühlen sich auf der Haut warm an. Eigentlich sind sie gar nicht warm. Sie werden aber auf der Haut in Wärmestrahlen umgewandelt. Wenn Sonnensstrahlen auf einen Gegenstand treffen, entstehen Wärmestrahlen. Die Wärmestrahlen erwärmen dann die Luft.

Abbildung 77
Energieumwandlung

In letzter Zeit hört man viel von **Erderwärmung** und Klimaänderung. Auf unserer Erde wird es tatsächlich immer wärmer. Das liegt auch daran, dass wir Menschen viel Erdöl, Kohle und Gas verbrennen. Dabei wird viel Kohlendioxid in die Luft geblasen. Kohlendioxid und andere Treibhausgase halten die Wärmestrahlen in der Lufthülle der Erde fest. Die Wärmestrahlen können kaum noch hinaus in den Weltraum strahlen. Man nennt das **Treibhauseffekt**, weil es genau so funktioniert wie in einem Treibhaus (Gewächshaus).

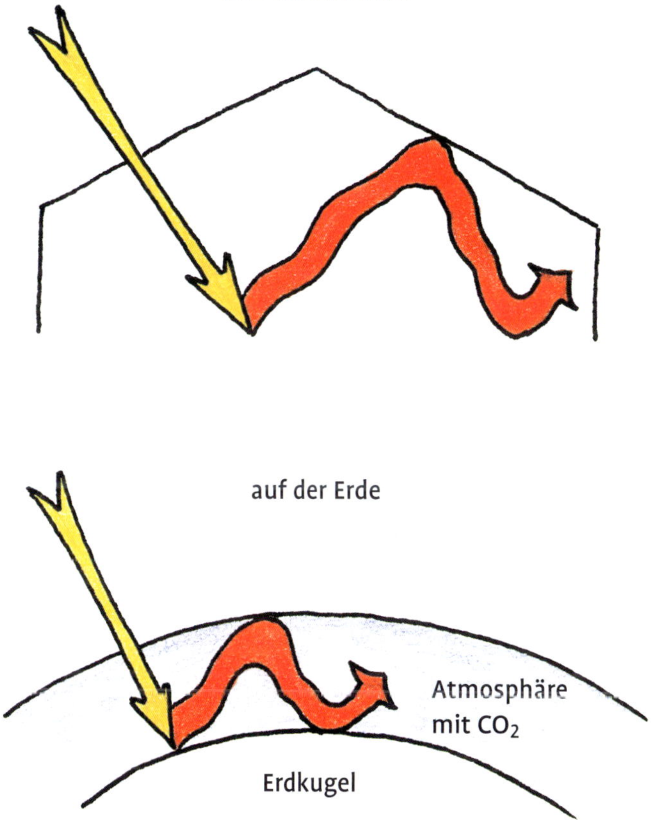

Abbildung 78
Treibhauseffekt

Die Lichtstrahlen kommen durch das Glas hindurch ins Gewächshaus. Auf der Erde und auf den Pflanzen verwandeln sie sich in Wärmestrahlen. Wärmestrahlen können durch das Glas kaum nach draußen. Im Gewächshaus wird es warm.

Lichtstrahlen kommen durch die Luft auf die Erde. Sie verwandeln sich in Wärmestrahlen und kommen durch die CO_2-Hülle kaum noch in den Weltraum. Auf der Erde wird es warm.

Was kann man gegen die Erderwärmung tun?

- Energie sparen, damit nicht so viel CO_2 frei wird, zum Beispiel bei Heizung, Strom, Benzin, Auswahl der Nahrung, Menge des Konsums ...,
- möglichst viele Wälder und Grünflächen erhalten, denn Pflanzen holen CO_2 aus der Luft,
- humusreiche Böden schaffen und erhalten, denn Humus speichert Kohlenstoff.

2 Temperatur

Die Temperatur misst man mit einem **Thermometer**. Es sollte im Schatten hängen. Die Einheit ist °C **(Grad Celsius)**. Bei 0 °C gefriert Wasser zu Eis. Bei 100 °C kocht Wasser.

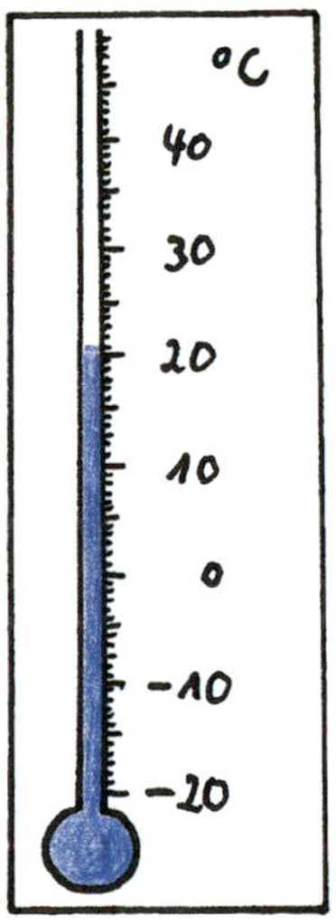

Abbildung 79
Thermometer

Abbildung 80
So viel Kälte verträgt ein Apfelbaum

Bei Frost (unter 0 °C) erfrieren Pflanzen, die **nicht frosthart** sind. Frostharte Pflanzen vertragen Frost bis zu einer bestimmten Temperatur. Manche Pflanzenarten vertragen nur Temperaturen bis zu minus 6 °C, andere vertragen minus 40 °C.

Viele Gehölze (z. B. Obstbäume) vertragen im Winter sehr tiefe Temperaturen (z. B. –20° C). Wenn im Frühling die Knospen geschwollen sind, erfrieren die Knospen leicht (z. B. schon bei –7 °C). Wenn Blüten und Blätter geöffnet sind, vertragen sie keinen Frost mehr. Gefährlich ist Frost also hauptsächlich spät im Frühling **(Spätfrost)** und früh im Herbst **(Frühfrost)**.

Zu den **Eisheiligen** (Mitte Mai) sind fast alle Pflanzen voll im Wachstum. Um diese Zeit wird es in Deutschland oft sehr kalt. Es friert dann in windstillen klaren Nächten leicht. Oft gibt es **Bodenfrost**, das heißt, es friert nur unten am Boden.

In den meisten Gegenden Deutschlands friert es **Mitte Mai** das letzte Mal. Ab Mitte Mai können auch nicht frostharte Pflanzen hinaus ins Freie (viele Sommerblumen, Kübelpflanzen, Balkonpflanzen, Tomaten, Kürbis, Sellerie ...). Ungefähr **Mitte Oktober** ist dann wieder mit den ersten Frösten zu rechnen. Die frostempfindlichen Pflanzen müssen vorher ins Haus, falls sie nicht erfrieren sollen.

3 Luftdruck

Luft fühlt sich sehr leicht an, aber sie hat ein Gewicht. Auf einem Quadratmeter Erdoberfläche liegen zehn Tonnen Luft (ein kleines Auto wiegt ungefähr eine Tonne).

Der Luftdruck wird mit dem **Barometer** gemessen. Die Einheit ist **Hektopascal (hPa)**. Im Mittel haben wir auf Meereshöhe einen Luftdruck von 1013 hPa. Je höher man kommt, desto niedriger wird der Luftdruck. Die Luft wird dünner und es gibt nicht mehr so viel Sauerstoff zum Atmen. Im Weltraum gibt es keine Luft.

Wenn das Barometer über 1013 hPa anzeigt, haben wir ein **Hochdruckgebiet (H)**. Die Luft ist dann trocken, es gibt wenig Wind und meistens scheint die Sonne. Tagsüber wird es in der Sonne schön warm, nachts kühlt es stark ab. Manchmal bildet sich bei Hochdruck auch Nebel oder Hochnebel.

Wenn das Barometer unter 1013 hPa anzeigt, haben wir ein **Tiefdruckgebiet (T)**. Die Luft ist feucht, meist ist es windig und bewölkt. Tagsüber bleibt es kühl, nachts kühlt es unter der Wolkendecke nicht so stark ab.

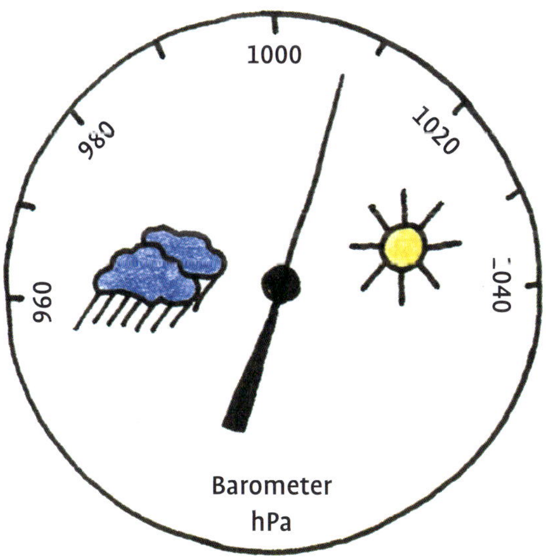

Abbildung 81
Barometer

4 Luftfeuchte

Die Luftfeuchte wird mit einem **Hygrometer** gemessen.

100 % Luftfeuchte bedeutet: Die Luft ist voll mit unsichtbarem Wasserdampf. Sie kann kein bisschen Wasser mehr aufnehmen. Bei 100 % Luftfeuchte trocknet die Wäsche auf der Leine nicht.
Weniger als 100 % Luftfeuchte bedeutet: Die Luft kann Wasser aufnehmen. Die Wäsche trocknet. Je niedriger die Luftfeuchte ist, desto schneller trocknet die Wäsche.

Warme Luft kann mehr Wasser aufnehmen als kalte Luft. Nachts kühlt die warme Luft ab. Dabei gibt sie Wasser ab. Wir finden es am nächsten Morgen als Tau oder Reif auf der Wiese. Wenn die Luft sich im Laufe des Tages erwärmt, nimmt sie das Wasser wieder auf. Die Wiese trocknet.

Bei 100 % Luftfeuchte verdunstet an den Spaltöffnungen der Pflanzen kein Wasser. Die meisten Pflanzen können dann kein Wasser aus den Wurzeln nach oben ziehen (siehe Seite 27). Das Wachstum stockt. Die hohe Luftfeuchtigkeit fördert außerdem Pilzkrankheiten.

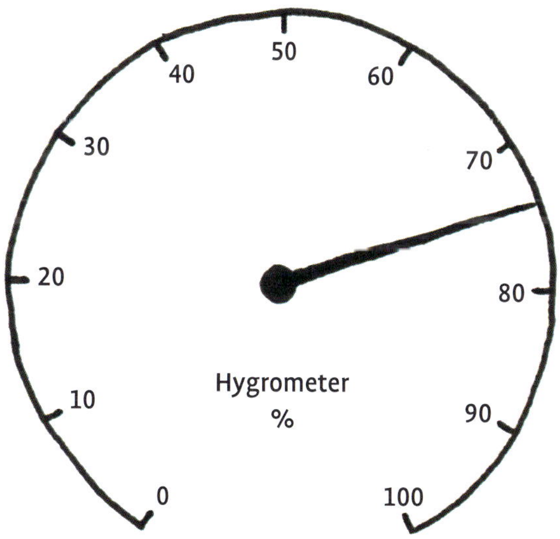

Abbildung 82
Hygrometer

5 Niederschlag

Der **Niederschlag (NS)** wird mit einem **Regenmesser** gemessen. Die Einheit ist **Millimeter (mm)**. Ein Millimeter Niederschlag bedeutet, dass ein Liter Wasser auf einen Quadratmeter Boden gefallen ist.

$$1\,\text{mm NS} = 1\,\text{l Wasser}/\text{m}^2$$

In Ostdeutschland fallen im Schnitt 500 – 600 mm Niederschlag in einem Jahr, in Westdeutschland 600–700 mm. In bergigen Gegenden fallen mehr Niederschläge. Niederschlag fällt nicht nur als Regen. Auch Schnee, Hagel, Tau, Reif oder Graupel sind Niederschläge.

Wie entsteht Niederschlag?
Wenn man im Sommer eine eiskalte Colaflasche aus dem Kühlschrank holt, beschlägt sie. Die warme Sommerluft wurde an der Colaflasche abgekühlt. Dabei hat sie Wasser abgegeben. Es hat sich Niederschlag gebildet. Immer wenn Luft abkühlt und dabei Wasser abgeben muss, entsteht Niederschlag. Das passiert zum Beispiel, wenn warme Luft nach oben steigt und dabei abkühlt.

Abbildung 83
Regenmesser
Der schwarze Regenmesser misst die Regenmenge elektronisch. Die Werte werden direkt in den Computer übertragen. Beim silberfarbenen Regenmesser muss man die Regenmenge ausmessen.

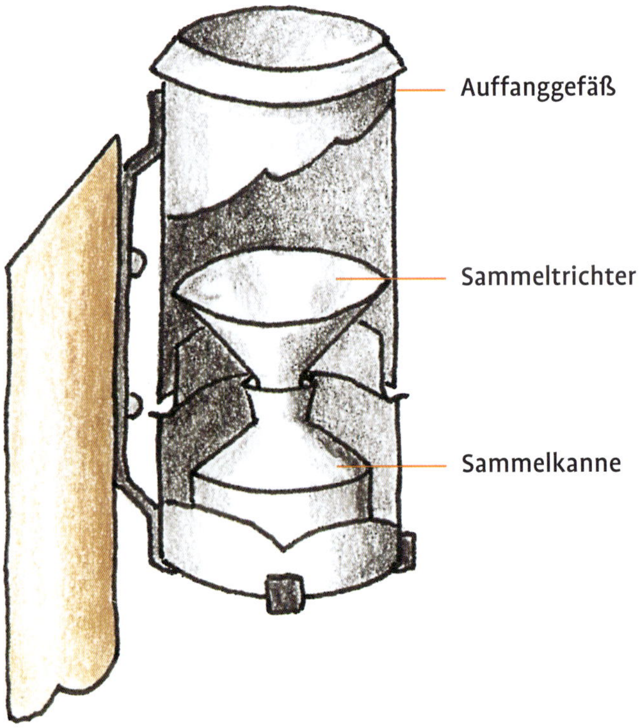

Abbildung 84
Blick in den silberfarbenen Regenmesser

H Fachzeichnen

1 Freihandzeichnen

Freihandzeichnen geht am besten mit einem weichen oder mittelharten **Bleistift**. Wenn man nicht mehr radieren muss, ist auch ein Filzstift gut.

Zunächst üben wir **einfache Formen frei Hand** zu zeichnen: Kreise, Ovale, gerade Striche, krumme Striche, Zickzacklinien und so weiter. Denken Sie sich etwas aus, probieren sie verschiedene Stifte und Farben. Unten sind ein paar Anregungen zum Üben. Nichts muss perfekt sein.

Abbildung 85
Übungsbeispiele für Freihandzeichnen

Ein guter Zeichner hat ein gutes Augenmaß. Er zeichnet Dinge genau dort aufs Papier, wo sie hingehören. Wie schafft er das? **Er teilt Längen in Gedanken in Teilstrecken auf**. Wenn er ein Haus mit drei Fenstern zeichnen will, teilt er in Gedanken die Hauswand in sieben Teile und malt die Fenster an die richtigen Stellen.

Abbildung 86
Haus mit 3 Fenstern

Längen in Gedanken aufteilen ist schwer. Wir üben das Teilen deshalb zuerst auf dem Papier. Dabei benutzen wir kein Lineal. Erst hinterher prüfen wir mit dem Lineal, ob wir richtig geteilt haben.

Abbildung 87
Strecken teilen

Beim Freihandzeichnen zeichnen wir **zuerst die groben Formen**. Wir lassen alle Feinheiten weg. Am Anfang sieht eine Zeichnung für einen Blumenstrauß zum Beispiel so aus.

Abbildung 88
Vorzeichnung für Blumen

Die feinen Striche müssen an der richtigen Stelle sitzen. Wie schaffen wir das?

- Wir **suchen nach bekannten Formen** (Kreise, Ovale, Vierecke, Dreiecke). Manchmal sieht man sie mit zusammengekniffenen Augen besser.
- Wir **schätzen die Längeneinteilungen**.
- Wir üben zunächst nur an einfachen Gegenständen.

Erst wenn die groben Formen auf dem Papier genau an der richtigen Stelle sitzen, zeichnen wir den Gegenstand genau. Wenn wir nach der Natur zeichnen, müssen wir dabei **vereinfachen**, denn wir können nie so genau zeichnen, wie unser Auge sieht.

Abbildung 89
Formen finden

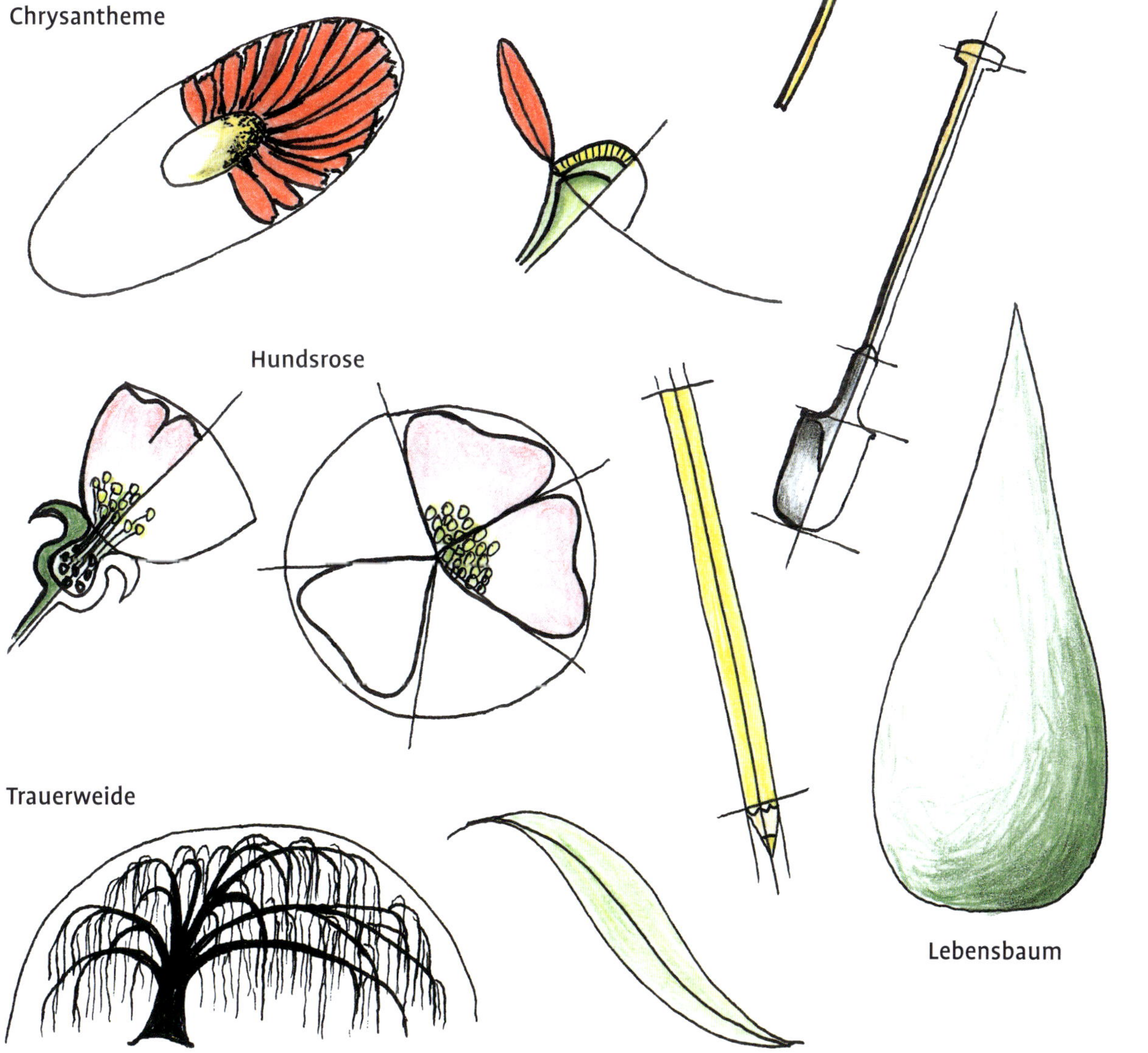

2 Schrift

Zum Beschriften von Zeichnungen oder Etiketten benutzt man normalerweise die **Blockschrift**, denn sie lässt sich am leichtesten lesen.

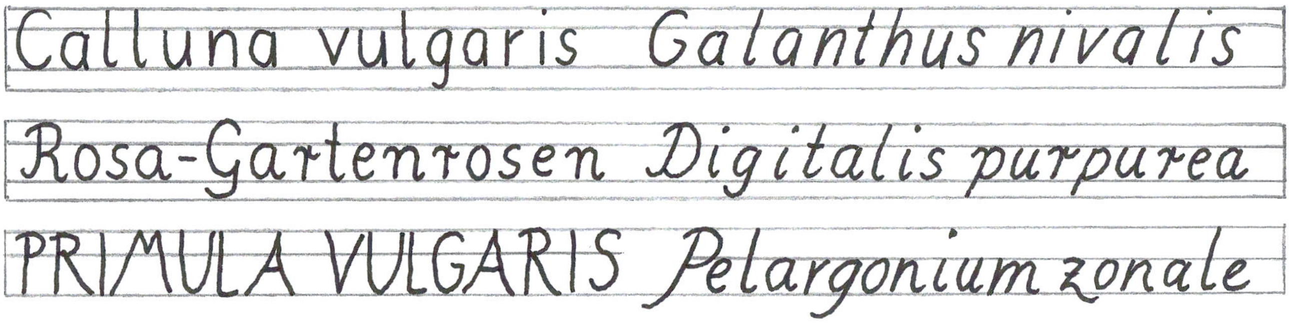

Abbildung 90
Blockschriften

Beim Üben können sie eigene Blockschriften entwickeln. Wichtig ist, dass andere sie gut lesen können. Damit sie ordentlich aussieht, sollten die senkrechten Striche alle dieselbe Neigung haben. Die Abstände zwischen den Buchstaben sollten etwa gleich groß sein. Die Buchstaben am Ende des Textes sollten noch genauso groß und ordentlich sein wie die Buchstaben am Anfang des Textes.

Einzelne Worte kann man in Großbuchstaben schreiben. Für längere Texte nimmt man kleine und große Buchstaben, damit der Text leichter zu lesen ist.

3 Tabellen und Diagramme

Tabellen haben eine Kopfzeile, senkrechte Spalten und waagerechte Zeilen.

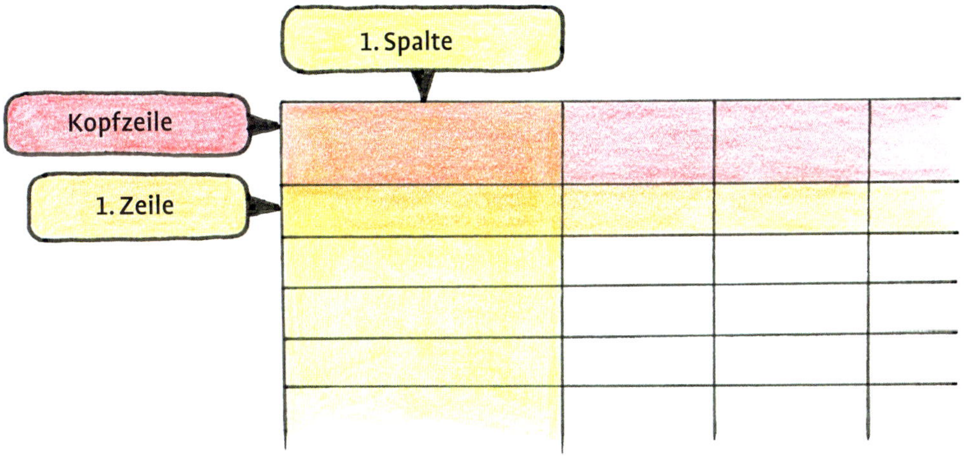

Abbildung 91
Tabelle

Wenn Sie eine Tabelle zeichnen, gehen Sie am besten so vor:

1. Für breite Tabellen legen Sie das Papier **quer**, für schmale Tabellen **hochkant**.
2. Ziehen Sie einen **Querstrich für die Kopfzeile**.
3. Überlegen Sie, wie viele Spalten Sie brauchen und wie breit sie sein müssen. Markieren Sie die **Einteilung in Spalten** solange mit kleinen Bleistiftstrichen, bis sie damit zufrieden sind. Nun ziehen Sie die senkrechten Striche für die Spalten.
4. Beschriften Sie Kopfzeile und erste Zeile.
5. Ziehen Sie einen waagerechten Strich unter die erste Zeile.
6. Und nun geht's weiter so, bis die Tabelle fertig ist.

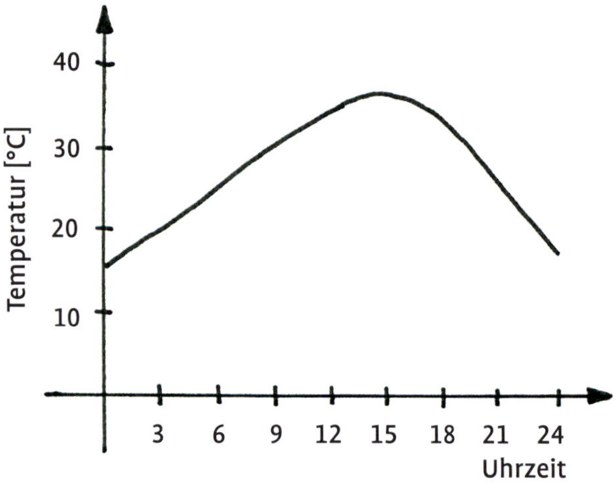

Abbildung 92
Kurvendiagramm

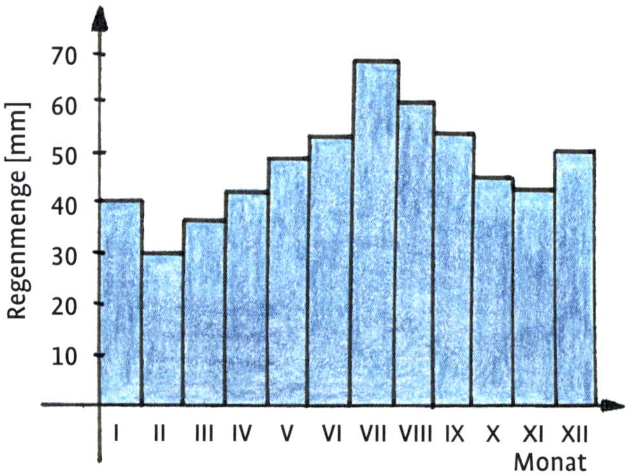

Abbildung 93
Balkendiagramm

Haarfarben in einer Gärtnerklasse (20 Schüler)

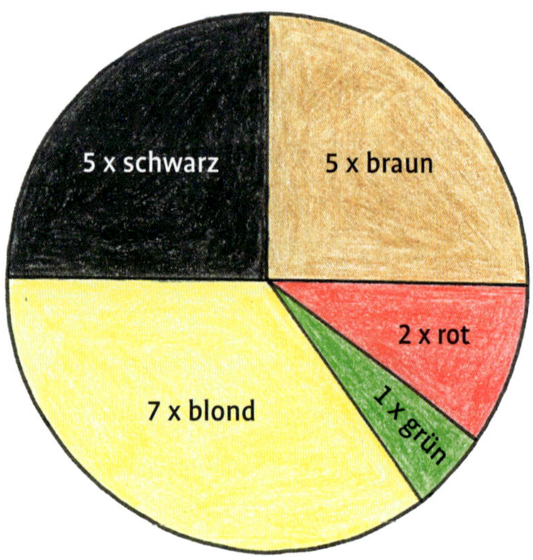

Abbildung 94
Kreisdiagramm

Zahlenwerte aus Tabellen können Sie in Schaubildern darstellen, sogenannten Diagrammen. Nebenan sehen Sie verschiedene **Diagramme**.

Die oberen zwei Diagramme haben ein **Linienkreuz**. Die Linien sind in kleine Abschnitte unterteilt. Aus der Beschriftung können Sie entnehmen, was die Abschnitte jeweils bedeuten.

So zeichnen Sie ein Kurven- oder Balkendiagramm:

1. Mit Karopapier geht's leichter.
2. Zeichnen Sie ein **Linienkreuz**.
3. Suchen Sie die jeweils **größten Werte** in ihrer Tabelle.
4. Überlegen Sie sich eine sinnvolle **Einteilung der beiden Linien** (die größten Werte müssen aufs Papier passen).
5. Unterteilen Sie die Linien und **beschriften** Sie sie.
6. **Übertragen Sie die Werte** aus der Tabelle ins Diagramm. Zunächst reichen kleine Punkte oder Kreuze an der richtigen Stelle. Die richtige Stelle finden Sie, indem Sie auf der waagrechten Linie einen Wert suchen und von dort aus so lange senkrecht nach oben gehen, bis sie beim passenden Wert der senkrechten Linie angekommen sind (siehe Abbildung 95).
7. Für ein Kurvendiagramm verbinden Sie die Punkte durch eine Linie. Für ein Balkendiagramm zeichnen Sie für jeden Punkt einen Balken.

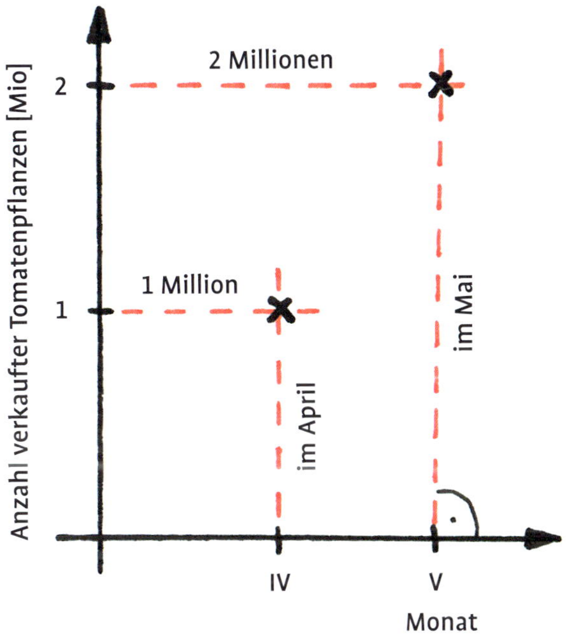

Abbildung 95
So findet man den Punkt

Auf einem **Kreisdiagramm** erkennt man mit einem Blick, wie groß der **Anteil einer Sache am Ganzen** ist.

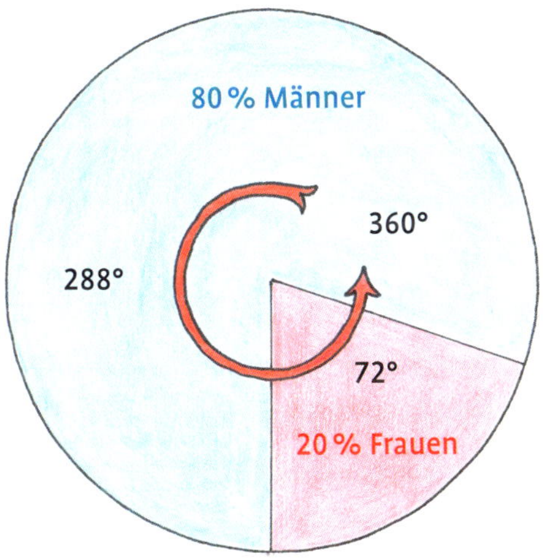

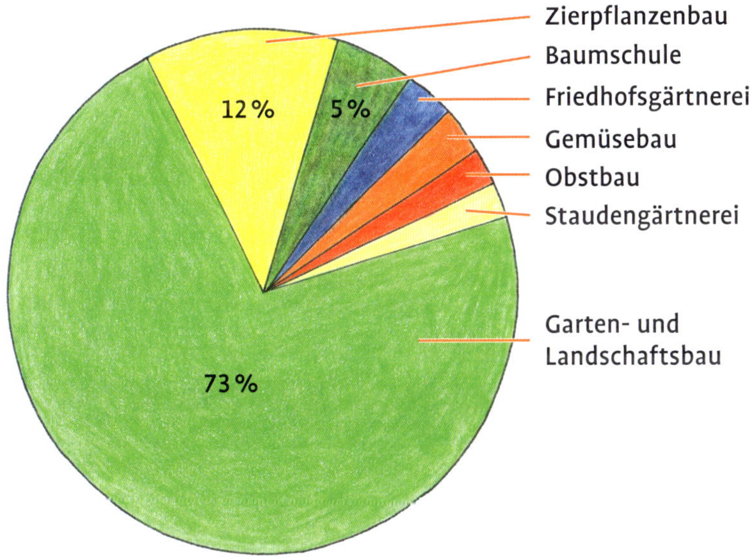

Abbildung 96
Auszubildende im Gartenbau
(insgesamt etwa 12 555 Azubis im Januar 2018)

Um ein Kreisdiagramm zu zeichnen, rechnen Sie mit Hilfe des Dreisatzes aus, wie groß Sie die Winkel im Kreis jeweils zeichnen müssen. Der gesamte Winkel einmal um den ganzen Kreis herum beträgt 360°. 360° entsprechen also 100 %. Ein kleiner Tipp: 1 % entspricht jeweils einem Winkel von 3,6°.

4 Maßstabsgerechtes Zeichnen

Karten und Pläne sind in einem bestimmten Maßstab gezeichnet. **Der Maßstab gibt an, um welchen Faktor die wirklichen Dinge beim Zeichnen verkleinert wurden.**

Der Maßstab 1:100 (gesprochen: eins zu hundert) sagt uns, dass wir die Längen auf dem Plan mal hundert nehmen müssen, damit wir die wirkliche Länge bekommen.

Ein Beispiel: Auf einem Plan ist die Garageneinfahrt 3 cm breit. Unten in der Ecke steht 1:100.
Wir rechnen: 3 cm × 100 = 300 cm = 3 m.
Die Garageneinfahrt ist in Wirklichkeit 3 m breit.

Ein anderes Beispiel: Ein Garten ist 50 m lang. Wir sollen einen Plan davon zeichnen. Wir wählen den Maßstab 1:100.
Wir rechnen: 50 m geteilt durch 100 = 0,5 m = 50 cm.
Hoppla, so groß ist unser Papier gar nicht. Wir müssen einen anderen Maßstab wählen. Wir versuchen es mit dem Maßstab 1:200.
Wir rechnen: 50 m geteilt durch 200 = 0,25 m = 25 cm.
Das passt aufs Papier.

Je größer die Zahl hinter der 1: ist, desto kleiner werden die Dinge auf dem Papier.

In manchen Plänen werden die **wirklichen** Maße mit angegeben, damit man nicht rechnen muss. Das nennt man **Bemaßung**.

Auf den meisten Plänen findet man einen **Nordpfeil**. Er zeigt Richtung Norden. Für einen Gärtner ist das wichtig. Er weiß dann, wo es sonnig oder schattig ist und kann die richtigen Pflanzen auswählen.

Vogelperspektive, Seitenansicht und Schnitt

Landkarten, Pläne und Grundrisse werden in der Vogelperspektive gezeichnet wie auf Seite 93. Die Seitenansicht zeigt ein Ding von der Seite wie das Haus auf Seite 86. Beim Schnitt blicken wir in etwas hinein wie beim Sprossquerschnitt auf Seite 13 oder beim Blattquerschnitt auf Seite 16.

Die Kavaliersperspektive

Die Kavaliersperspektive zeigt einen Gegenstand räumlich. Dazu zeichnet man den Gegenstand zunächst ganz normal. Dann zeichnet man alle Linien, die in Wirklichkeit ins Papier hinein zeigen, im **45°-Winkel** nach rechts (wahlweise auch links). Die Längen dieser Linien werden **um die Hälfte verkürzt**. Waagerechte und senkrechte Linien im Hintergrund bleiben waagerecht und senkrecht.

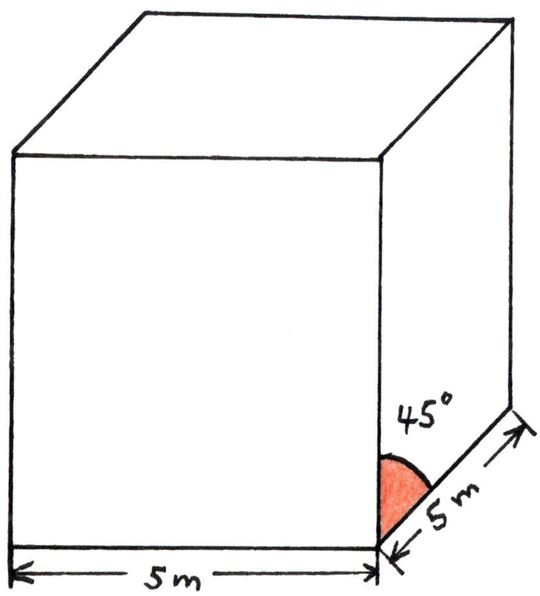

Abbildung 97
Würfel in Kavaliersperspektive
Maßstab 1:100

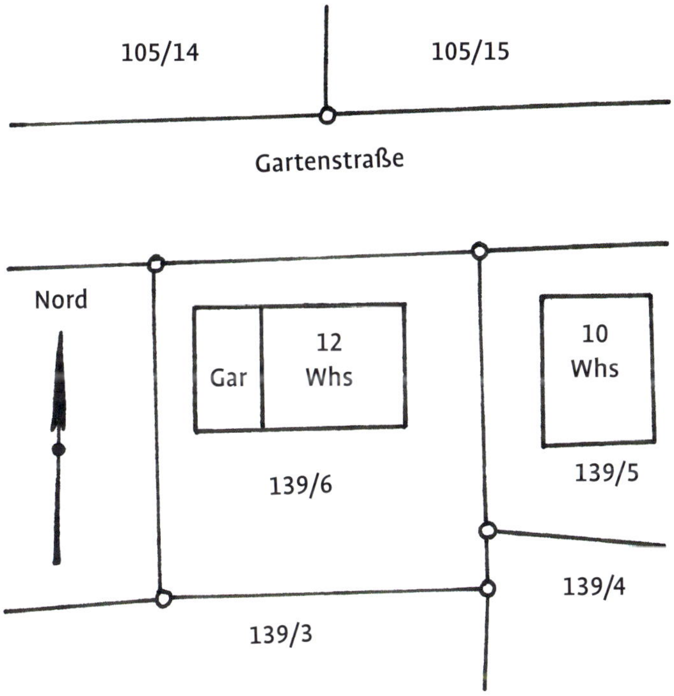

amtliche Flurkarte
Maßstab 1 : 500 (1 cm = 5 m)
——— Grundstücksgrenze
—○— Grenzpunkte
Whs = Wohnhaus, Gar = Garage
12 = Hausnummer
139/6 = Flurstück-Nummer

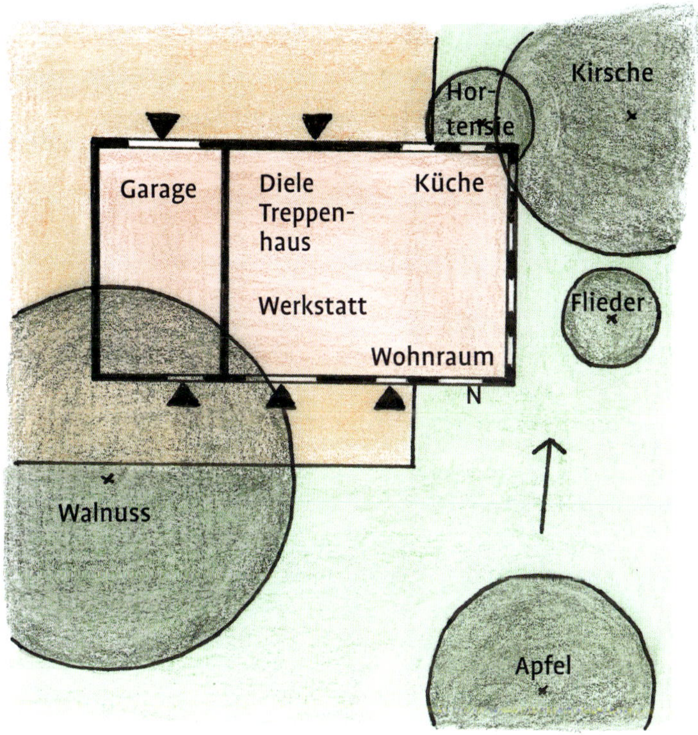

Bestandsaufnahme Gartenstraße 12
Maßstab 1 : 250
- Gebäude
- altes Sandsteinpflaster
- Pflanzen, die erhalten werden sollen
- verwilderte Wiese mit Schrottfahrzeugen, Brombeeren, Brennnesseln, Ahorn usw.

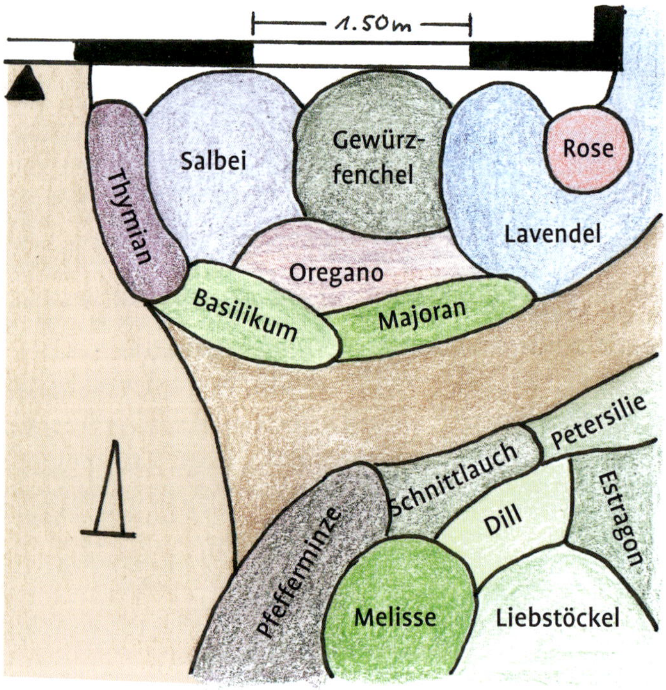

Planung Gartenstraße 12
Kräuterbeet an der Südostecke
Maßstab 1:50

Hausmauer und Fenster

Sandsteinpflaster

Rindenmulchweg

Tür

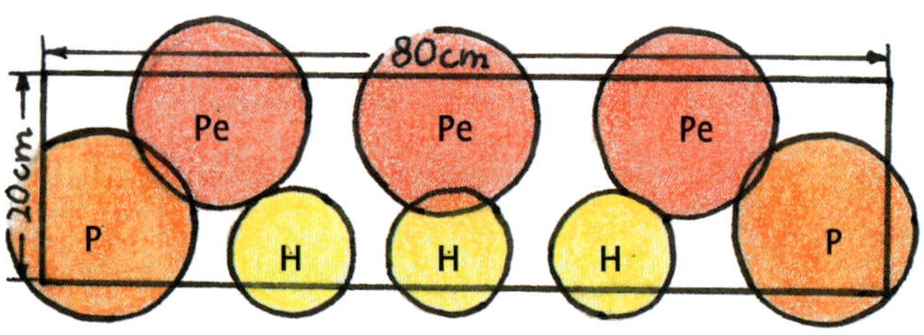

Balkonkasten für sonnigen Standort
Maßstab 1:10
⟵ 20 cm ⟶ Bemaßung
Pe = Pelargonie (aufrecht wachsend)
P = Pantoffelblume
H = Husarenknopf

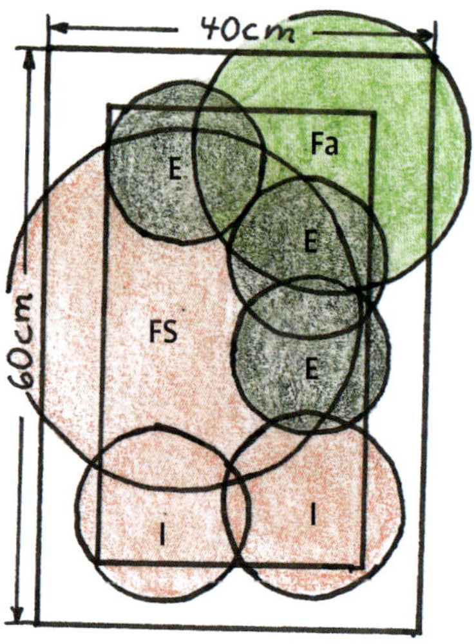

Pflanztrog für schattigen Standort
Maßstab 1:10
FS = Fuchsien
E = Efeu
Fa = Farn
I = Fleißiges Lieschen

Register